富翁系列 M011

從二千元到三家店

開店達人 **小莎莉** 著

COSMAX
PUBLISHING Co.
Since 1981

Taiwan

Contents

第3章

不再流浪的固定專櫃　　052

如何兼差創業燃燒熱情？DIY創意的連結如何開始？
經營小櫃如何運用坪效？如何辭去正職工作順利當上百元富翁？
哪些小攤行銷方式可以引人注目？
「從今天起，我不用再跑警察了！」

第4章

小櫃再轉型店家　　076

機不可失！小櫃如何進昇店面？店面省錢裝潢DIY有甚麼方法？
員工如何挑選？如何創意自己的商品？
「抓住機會，必須具備膽量和眼力，
當它出現眼前，就要緊緊抓牢，乘風而起⋯⋯」

第五章

流行店轉型專賣店

專賣店如何成形？專賣主題如何誕生的？
設專櫃的利潤優劣是甚麼？
「輕鬆做夢，用力圓夢！努力賺錢，用力投資！
勇敢追求就是不留遺憾的創業第一步。」

第1章
無本創業不是夢

如何精算你的未來？如何發現自己的潛力？
如何戰勝家人的阻力？如何實踐無本創業？
「只要有夢，不怕沒錢；想要創業，
創意就是最佳的無本生意！」

創業就是這麼簡單

　　繁忙的人潮，擁擠的城市，台北的鬧區常在轉角與街道上，散發著創意的活力。不管是華納威秀中庭的露天表演、淡水河沿岸的書法，素描，手創藝品攤位，還是蓬勃興起的創意市集，都得到人們的關注，更顯示**講求個性化的樂活時代，創意是最佳的無本生意**。

　　曾經在公園中看到一位中年婦女，一把剪刀、一件披風、一把椅子，就在一棵大榕樹下做起了美髮生意，原本以為排隊的人群中只有阿公、阿嬤之類的老年人，沒想到年輕的男女也不少。

▲我的手作銀線耳環。

　　也曾經在7-11的店前，看到一個二十出頭的年輕人，在走廊的柱子下做起指甲彩繪的生意，請客人坐上一個箱子，一腳抬放至前方的柱子上，隨性地開始彩繪，現場表演吸引許多人群圍觀，十分鐘後二百元入袋，下一個客人也已經就位了。

▲手創者要與眾不同,出國旅遊記得撥一天尋 　找當地才有的素材。

▲銀線DIY的基本工具與材料。
▼銀線手作項鍊與耳環。

　　每每看到這些場景,都令我會心一笑,因為我就是以一條銀線起家的「創意頭家」,只要一條銀線加上幾顆珠子,就可以變化出上百種創意飾品,一件飾品的實體成本可能不到十元,利潤卻可以憑藉創意與技術達到十幾、二十倍,豈不是一門好生意?

　　除了這些模式之外,將傳統樣式的帽子加上彩繪、手工訂製結婚卡、二手衣變裝服務、創意木雕品等等,都是實體成本超低的創意生意。銷售方式除了到街頭擺攤之外,也可以寄放在格子店,就算不花一毛錢在攤位成本上,也可以在免費的拍賣網站或部落格做生意,只要先放幾個樣品在上面,根本不用訂貨成本就可以開始創業了。比起以前流浪街頭的手創者,現在的創作者有這麼多發表空間,真是幸福多了!

小莎莉銀線創作小秘訣

化腐朽為神奇

回收物、用剩的布、過時的衣服重組，或現在流行的襪子娃娃、都是環保、低成本概念，就像我曾用一條線和兩根鉗子做出來的東西，靠著創意做無本生意。

天然材質・永保如新

以前沒錢買材料時，我會去海邊撿貝殼、石頭及漂流木，尋找製作素材。現在，除了在建國玉市尋寶及出國尋寶之外，我也把從小到大海邊撿來的的貝殼、石頭、玻璃珠等寶貝拿出來，加上單純的銀線做創作。我喜歡選用自然寶石或半寶石，比較不退流行，雖然貴一些，但只要一兩顆就可以畫龍點睛，樂趣無窮。

簡單設計・隨手拈來

創作的心情很重要，以輕鬆的心態DIY，剛開始可以從周邊一些花、草、昆蟲和小動物當作設計靈感。創意無國界，想的太難就很難開始，一切都沒想像中難，你也從現在開始試試！

現在就是最佳的起點

　　如果，你現在是個上班族，對創業一無所知，卻又躍躍欲試，那麼別著急，現在的工作，可能就是你創業的起點。只要你能夠將「現在」與「創業的夢想」畫上連接線，一步一步向前走，自然就會走到你要的目標。

　　大部分的人可能會說，怎麼可能？我巴不得換工作脫離苦海哩！先別否定，因為這些可能的關聯常常是你意想不到的，每個年輕人都以為未來還很長，但每個老人都說人生很短，要把握現在，或許現在想掙脫的正是你的泉源所在而不自知，看看我故事的開始，或許你也和我一樣。

　　創業之前，我也曾經是個上班族，換過許多工作，在別人的眼中，可能也有些動盪不安，但是早在第一份工作以前，我就是以「自創品牌」做為夢想的願景。因此，在我的心中，那些看起來性質十分不同的工作職位—服裝設計師助理、品牌服飾櫥窗陳列、設計書店職員、藝術教育館展覽服務員，卻有著一定的關聯性「與我喜好的藝術和設計相關」。

原來不知不覺自己喜歡應徵的工作內容，常常都經過潛意識選擇了，這一切都有助於我吸收創意與藝術的養分，作為現在自創品牌的最佳資產。開店之後，這四種工作職位上的歷練，也都實際運用到了我的經營上。

　　例如：服裝設計師助理加強自創品牌的服裝設計概念、櫥窗陳列工作教我店內商品的陳設方法、店內的管理與客戶服務、設計書店職員讓我飽覽設計書籍，而當導覽員不就是由別人的作品訴說到自己設計商品的有異曲同工之妙嗎？這些開一家店所必須瞭解的專業知識，就是之前的工作角色所能吸收的經驗得來的，多一分的準備就多一件武器面對挑戰。

　　反過來想，我們去上班、學知識、展人脈，還能有人付錢給我們，這不是一舉數得嗎？這可比為了創業去付高額的學費上課划算多了！只要先有了這樣的一個認知，那麼現在做起工作來也會十分帶勁，多做一件事，就會感到「哈！又賺到了一個寶貴經驗。」因此，剛畢業的我雖然在每一份工作都待不超過一年，但我在每個職位上，可都是以百分之一百的努力去做事的喔！大家千萬別讓自己成為一邊做一邊念的婆婆媽媽族！就像常常一邊吃飯一邊說難吃的人，是沒有人願意一起共餐的。

　　所以說「夢想」與「行動」的距離可以是零，只要讓當下的每一個「點」產生連結，成為繪製願景的「線」，之後，就讓這些線成為你邁向夢想的道路。當你開開心心接受現在的工作之後，接著，自然就會發現，「每個工作，形成夢想捷徑的連結線」，這一切決定了你達成願景的速度。

可是如果，現在的你甚至連工作都沒有，那更好，想開甚麼店就去找甚麼店上班，**想開甚麼公司就去甚麼公司上班！就這麼簡單！**

圓夢要訣第一步

　　判斷「點」與「點」之間的聯結性，並不是以單純以「職稱」作為依據，例如：先當服裝設計師助理再當服裝設計師直接開精品店當老闆、開工廠等；而是以行業所需的知識作為依據。

　　例如：要開店，就要瞭解經營一家店所需要的專業知識，了解即使不同行業也可能包括進貨、出貨、擺設、服務、會計等異曲同工的經驗，由下屬當起可以學的東西更基礎更扎實，說不定你的上司正在煩惱辭掉好不容易爬上的位子很可惜，而阻礙創業決心呢！

想像未來的路

　　在圓夢這一條路，如果我比別人更順利的話，那是因為我一向堅持精算，但是，我精算的不只是「價值的成本」，也包含了「時間的成本」和「效益評估的成本」，善用精算就能慢活、快活、隨心所遇而不瞎忙。

　　記得剛畢業時，我一連換了好幾份工作，尋尋覓覓間即使有了興趣與能力，也不知道自己未來的舞台在何處。「**從別人身上看未來**」的秘訣，是我當時用來作為自己選擇事業方向的參考方法，也就是說，不必事必親躬，用看的就好，看什麼呢？答案是看你的上司，看看你崇拜的前輩，找到他們，再研究他們，觀察他們，再想想自己欣賞他們的是什麼？

　　從服裝設計科系畢業之後，順理成章的，我的第一份工作就是到服裝設計公司當助理，在那兒，我每天縫著扣子、折衣服、打雜、最後車布邊，做著一般未經專業訓練的學徒也可以做的工作，好不容易自己設計新款，老闆甚至說先去把某某專櫃的新款畫下來，依樣畫葫蘆，換個布料，加個邊條等等……但我在學校可不是這樣學的。

　　當時的我實在不能理解與接受，難道出了社會，夢想就會

破滅嗎？難道這才是真正的服裝設計師嗎？我不禁開始問自己：「我花了那麼多年的時間，學習專業的服裝設計概念與技能，還因為拼命學習出了名，在校贏得了拼命三娘稱號，難道就是要來做學徒的工作嗎？那我又為何要去唸設計呢？」一向習慣先全力以赴，再一邊省思過程的我，開始了這樣夢碎的疑惑。

於是，在一次閒聊的機會，跟我的主管（一個美貌與才情兼具的同校學姐）進行了一場未來的探索對話：

「學姐，你進這家公司幾年了？」我問。

「五年。」學姐回答。

「那這五年，你是怎麼升到這個位置的？」我再問。

學姐看了看我，或許是因為我是學妹吧！她也不避諱地告訴我說：「在這一行啊！想在一家公司從基層做到設計師是需要累積經驗的，必須要一邊累積實力，一邊不斷跳槽不斷被挖角，就能逐漸地加薪、升職，最後就會像我一樣到達我們在學校最大的夢想，當上服裝設計師。」

聽了之後，我感到未來的天空蒙上了一點烏雲。接著，再問：「學姐，你現在如果跳槽，希望的薪水是多少呢？」學姐也坦誠地告訴我：「五萬多。」

這時，我腦中有如五雷轟頂了，心中的夢想算盤開始打了起來……五年升主管，待遇五萬元，然後呢？創意是修改別人的設計嗎？除非自

己創業，否則永遠無法取代老闆，因為對我而言最糟的事是不能做創意的事，我不想當個機器人！我想當個自創品牌的設計師角色。回歸實際問題，創業又需要多少錢？對於那時口袋空空又要負擔家計的我來說，要籌措服裝設計公司的創業資金，真是遙不可及的事。我開始不服氣，想著：「難道我的未來就只是這樣嗎？」很快的，我有了答案：「我不願意！」

這件事之後，我開始設定了每個工作的學習期限，在每個期間內，我會盡力學習與觀察這個行業的環境、生態與專業技能，夠了之後，就可以往下一個學習目標邁進。我逐步地、有計劃地轉換工作，學習了跟我往後自創品牌相關的專業。對於有志創業的新鮮人，我要特別強調的是，在這些短暫停留的職場上，請先不要太計較薪水，而是以「是否可以學到東西」、「可以累積什麼資產」當作主要的考量。

如此一來，雖然你在一個職位上待的時間不久，卻可以快速的聯結這些「點」，作為邁向成功的捷徑。

以我為例，在身為上班族的期間，如果有關於「設計」或「創作」的工作，即使不是我份內的事，我也會十分樂意地接受指派，甚至主動幫同事的忙。這一方面是因為我自己喜歡這些事，做這些事可以樂在其中；一方面則是因為可以從中累積我目標事業的經驗，這可是一舉多得的樂事。

因此，對於還沒有摸索出自己要什麼之前，我真誠地建議各位朋友，可以先去企業體歷練一番，多接觸、多瞭解、多學習，而後，自然就可以發現什麼是你要的？什麼是你不要的？接著，

再進一步地精算出你成功的捷徑。

那麼，準備期到底應該多久呢？我認為，從你開始想自行創業起，換了兩三個工作的時間就要找出大方向，如：開設一家什麼樣性質的店？創意那一個領域的東西？是否已經佈好創業資源？上下游的來龍去脈、這些答案都要有一個堅持的方向，而精確的定位則可以邊行動邊修正。

畢竟人生苦短，機會可能一輩子一次的話，若是你用五年的時間找方向，五年的時間奠定創業基礎，那等到你開設第一家店有穩定收入時，該是什麼時候呢？等到開始自創品牌時，又是什麼時候呢？尤其是身處於潮流變動快速的今日，兩、三年後的市場需求與整體環境可能都不一樣了，到時你所累積的創業資產是否仍然能夠派得上用場呢？

最近和我面談的人，越來越多人想當自己創業當老闆，我問對方想做甚麼？通常答案大都只有自己想要甚麼，卻沒有市場的連結方法與經驗。還有一部分人，常常是想太久實行力不佳，時間就一眨眼過去了。還有人甚至時不我予的一直自怨自哀，切記，常常無法果斷決定一件事的人絕對不適合當領導人，想當自己創業當老闆，首先面對的就是領導能力。

甚麼是領導人呢？從單一領域的服飾店店長、清潔隊隊長、小廠長、護士長、等等……到多方整合的導演、樂團指揮、活動企劃組長、到大家想當的老闆、通通都算領導人，優柔寡斷不識自己目標的人，一定要用心了解自己，快快邁向下一步，有計畫性地準備，對自己的能力及外在的資源都要雙管齊下的學習，缺

一不可，廣泛吸收相關行業的知識，是增加未來創業的資產的重要一環。

所以，「精算時間成本來學習成長」是決定未來創業低成本的第一關，對沒資本的我來說，**累積知識就是我的成本。**

小莎莉精算秘訣

想知道你在這條路上，要多久才能成功？找一個最具代表性的人物，問他成功的軌跡，就可以瞭解你的路程有多遠？

判斷代表性的人物的幾個要點：

1. 他的職位是否是你嚮往的。
2. 背景與能力是否與你相似。
3. 在這個行業是否受到肯定。

潛力藏在童年裡

　　當你有了決心、行動力，也開始精算夢想地圖之後，如果你還是對自己的方向有疑惑，那麼，就從發現自己的潛力開始吧！因為，與其想著自己要做什麼，不如想想自己能做什麼是別人不會的事。想到了，那麼，恭喜你，那就是你的最佳方向。

　　看到這裡，有人會說天啊！說的那麼簡單，我還是想不出自己的天分與潛能在哪裡？我想大家也和我一樣，可以用那一件事做的很好，而且只要開始做它就覺得快樂這樣的條件來評估你的興趣就對了！ 至於我是怎麼開始發現這樣的自己呢？可以看看我小時候的故事，再想想你的故事吧！

　　推到最早，應該是幼稚園時候吧！我只要拿起畫筆塗鴉，就會一直畫一直畫，畫的好不好，根本不是我在意的事，只知道圖畫紙前的自己很開心，無中生有創造出東西對我而言就是一件很有趣的事。這樣的成長，累積了我對創作的自信與興趣，嚴格說來我並不是繪畫科班出身，但是創意事業最重要的是具備獨立特質與開創勇氣。我用童年的經驗努力思考自己的人格特質，童年時的一些趣事似乎和現在做的事有些不謀而合。

　　以前，跟媽媽聊天時，媽媽常說：「妳的膽子很大。五歲

時，就自己跑去坐公車，從家裡到父親開的家具行找爸爸媽媽。看到妳時嚇了一跳，還以為有人帶妳來，沒想到是妳自己坐公車沿路認建築物到達的，還自己說如果坐過站就會下車到對面再坐一站回來，反正年紀小坐車不用錢。」「還有一次，你肚子餓了居然到附近的麵攤上自己叫東西吃，身上沒錢還一點都不客氣的叫東叫西，點了許多小菜，再叫老闆到自家店裡收錢。我們一看！二百多元，都不知道妳是怎麼吃的。」真是很憨膽的小孩，沒錢也去坐車、吃東西！

　　記憶很深，學齡前的我，只要到爸爸掛在檜木櫃上的西裝褲口袋，就可無限量領取零用錢。所以小時候，我是糖果店的大戶，每個老闆看到我都很高興，因為我天天報到，抽籤抽到知道大獎的籤在哪個位子、釣糖果魚的線是哪一條才有大魚，結果當時也因為愛吃糖滿口黑牙。現在開店時，也常回想起小時候糖果店吸引我的情景，回味無窮，似乎這種買賣的樂趣從四到五歲時就感覺到了。

　　但好景不常，小學到國中的日子，家逢變故，覺得自己像個落難的野蠻小公主，家裡一下子從坐擁數棟精華區的房子到一無

所有。我小學的記憶就是一直在搬家，從有好多家搬到沒有家，從很大的房子搬到越來越小的房子，最後搬到一個玻璃工廠旁的一間小房子。玻璃工人吹玻璃，窯火一開有小煤炭的空氣就會飄的到處都是，家裡的木頭窗戶每天忙著開開關關。

媽媽為了家計也外出工作，家裡常常沒人，一切靠自己，但小孩子不懂甚麼是悲傷吧？每天放學沒人陪，一個人就跑去漫畫店看搞笑漫畫，非常自得其樂，也因此愛上了漫畫，很愛畫漫畫美少女。一到了暑假就招朋引伴到處打工賺錢，跟同學去小工廠當童工，做過裝娃娃的手腳工人，一個娃娃幾毛錢。也貼過往生者用的紙房子，一個幾塊錢，然後一點一點存起來。

後來，因為想學鋼琴，把積蓄拿去繳了鋼琴學費，辛辛苦苦賺的錢，幾堂課就花光了，雖然從來也沒學好過，卻也從來沒放棄過。對於有興趣的東西，即便沒人幫忙也緊咬不放，是很敢投資自己、韌性很強的小孩，想花錢時，若沒錢就自己賺！

小學二年級，我看著鄰居的大哥哥、大姐姐都騎著腳踏車，覺得好有趣。於是，我跑回房裡，抱起我的小豬撲滿，一點也不猶豫地「殺」了牠，抱著那些錢到附近的二手車行，問老闆一輛車多少錢？老闆疑惑地看著我：「小妹妹，你有錢嗎？」我遞上了我的小豬存款。於是，我用五百元零錢買了第一輛二手腳踏車，第一次騎，撞翻了一個橘子攤，掉了滿地的橘子，然後停不下來，只好用力騎，就這樣學會了腳踏車。當時的成就感現在都還記得，我是很獨立的小孩，有夢自己追！

高中的時候為了省學費，念的是公立商校半工半讀，但為了

考大學，拼了半年，足不出戶每天K書，幸運地考上想要的設計科系，如願回到我夢想的人生方向。畢業以後，看見喜歡的工作就毛遂自薦，不管這家店徵不徵人，準備好所有相關履歷，就去問有沒有缺人，找工作無往不利，面談無不錄取，沒什麼秘訣，只有準備好圖文並茂、整齊的自我介紹資料，誠懇認真的態度。我一向都帶著自信樂觀往前衝，相信自己的好運氣，如此而已。

　　種種這些陳年往事，現在回憶起來真是特別有滋味，我也因而瞭解自己從小就是個獨立的小勇娃。其實，後來可以單槍匹馬到日本辦貨及大陸尋貨源，依靠的也是那股傻勁。所以，如果你一時想不起自己有那些特別的興趣與潛力，那麼，就從你小時候的事開始回憶吧！當然，從現在生活中的瑣事發掘也可以。到底有那些事，是你可以做得又快又好又覺得開心的呢？有哪些事，是曾經受到師長肯定與鼓勵的呢？追尋自己的過程，也可以跟家人朋友一起回憶，相信那將帶給你許多尋找潛能的啟發。

小莎莉找出自我潛力的秘訣

1. 回想自己做什麼最快樂？
2. 什麼事情受到最多肯定？
3. 什麼是你會一直研究樂此不疲的事？
4. 什麼事會讓你忘記煩惱？
5. 什麼事是你一直想做卻沒做的？

你已經發現了自己的潛力，但有許多阻力？嗯，我也曾經遇過這樣的難題。

第一、我最喜歡的是手創，但沒收入會非常沒有安全感。第二、我想自行創業，家裡卻希望我可以安穩地當公務員。第三、我想擁有更多的自我，但現實生活、時間和經濟都受限。對於這三個問題，我的解決辦法就是：

第一、將興趣放大，創意無限大，可賺錢又能創作的東西也無限多，要想一個別人沒有的產品，利潤才高，記得先選能賺錢那一個的下手。第二、先當個乖小孩，找到一份有穩定收入的工作，再利用空閒時間發展自我。那時，我就是一邊在公家機關上班、一邊創作銀飾，下班後擺攤。等到事業成熟之後再辭職，家人自然不再反對。第三、每天一小時也可以，積少成多，不疾不徐才能水到渠成，部落格累積作品，網拍練習賣東西都可以，機會遲早會來扣門。

所以，遇到「阻力」時，千萬不要排斥它，不然的話，它就會干擾你的前進。最好的方法，就是要去包容它，讓它接近你的目標。

就像我一向不擅長數學，但如果要創業，想讓自己的作品能順利行銷，就要有數字概念，並知道客單價進而才能精算成本等等……最後可能是決定自己設計出何種商品價位的必要條件之一。所以先包容學習克服障礙，才不會讓它影響了你最重要的目標。當你克服了之後，邁向目標的路程自然也就縮短了，「阻力」也就成了激勵自己的「助力」。

創意是最佳的無本生意

現在，你已經準備好行動了嗎？跟我一樣只有兩千元的創業基金沒有關係，創意人只怕空有好創意沒實行力，就像有好畫稿沒好劇情、有好美編沒好文稿、有好導演沒好編劇一樣，缺一不可！老調常談的一句話就是不要再光說不練或換來換去了，只要你決定好創意主題就開始吧！或許是和我一樣由DIY開始、或許是指甲彩繪、或許是洗布鞋、或許是腳踏車烤漆、自創提供某種專業維修服務，只要它是你的特長與興趣，無怨無悔地投入吧！相信持續下去一定可以做得比別人更好。

找到潛力決定好之後，拉回現實面，上面提到記得先選能賺錢那一個的下手，所以，現在請你再思考如何把你現在腦子裡想到的那個「創意」轉換為可以賺錢的「生意」，當一個能賺錢的創意人，先給你三個基本方向思考：

▲ 花束包裝與蛋糕甜點等多采多姿的造型配色，都是創意靈感的來源。

☑ 一、你的創意方向是否跟得上時代潮流？（例如：環保養生）

☑ 二、類似的品項商品，你是否可以做得比別人更創新更獨特的優勢？（例如；花束禮品化）

☑ 三、你的創作，是否符合生活實用性，是否具有一定的市場吸引力？（例如；市場上受歡迎的商品造形配色研究）

　　當你找到了這樣創意，可以符合這幾項要件時，那就是開始行動的起跑點，一邊看著我奇妙的過程，一邊應證一下自己的計畫藍圖，各個階段的訣竅，都在後面的章節，等著你實現！

　　啊！還有問題嗎？那，準備好兩千元，跟著我的腳步，一起賺第一桶金吧！

創意材料店家「小莎莉DIY藏寶圖」

台北車站

分裝用材　　包裝用材
♥瓶瓶罐罐　♥袋袋相傳

太原路

♥銀線　　♥包材

重慶北路

飾品創作材料
♥小熊媽媽

延平北路

飾品創作材料
♥東美

南京東路　　長安西路　　市民大道

布料輔料
♥永樂市場

▲找一天去打♥的地方逛逛，彼此都是10分鐘內走路就到的地方，輕輕鬆鬆喔！

小莎莉妙答．創意人起跑點Q&A

Q：自創品牌一定要有服裝設計師的經歷嗎？

會煮菜的大廚一定要當農夫嗎？一樣的道理，請永遠不要思考這個問題，我當上服裝設計師的好同學即便生活安定坐領高薪，都免不了羨慕我自創品牌的義無反顧與堅持。他坦承跟大部分的人一樣，年過30漸漸沒有勇氣放棄好不容易爬上的位子。所以，恭喜一無所有的窮光蛋囉！不必放棄擁有的你，跟當時的我一樣，比誰都有資格從頭開始。

Q：已經先兼職創業了，何時才能轉為正職？

當兼職的收入超過正職的時候，你還等什麼？除非，你只想安穩生活放棄夢想，抓到機會就該衝衝衝！很多事現在不做以後想做也沒機會，有夢想的人是最自由、最沒羈絆的！說不定你的一生只有這次機會！

Q：我是個創意人，總覺得自己不適合做生意。

如果你把經營上的一切挑戰，或是你不擅長的事都當成是創作時要克服的關卡，那經營跟你的創作又有何不同呢？我以前畫圖堅持不用電腦畫，現在上班卻一天不和繪圖軟體連線就渾身不對勁，休閒時在家反而更能享受手畫手作的完整快樂。要先學會一樣東西，再決定自己適不適合、用不用它，勇於嘗試的人才會知道自己的潛能無限。

Q：從小數學就不及格，是否不能當老闆？

唉！提到這個，有點不好意思，我大學聯考的數學成績是0.7分……只要你想要賺錢、會數錢、會基本的加減乘除，當老闆就不成問題了。

帶著憨膽去創業

如何戰勝畏懼？如何發現人脈與商機？
小莎莉創業有什麼秘訣？兩千元如何創業?
「夢想，總是在行動後變得清晰！」

創業從不可能開始

　　週末，士林捷運站前的人潮依然熙熙攘攘，在汪汪喵喵館內，一位年輕的記者好奇地詢問我的創業歷程，當他一聽到三家店的根基，竟是以二千元作為試金石時，直呼：「這怎麼可能！」

　　然而，夢想的開端不就起於「不可能」的階梯嗎？

　　我創業的第一步也是一個夏日週末的午後，同樣的豔陽，同樣擁擠的人潮，我帶著工作上的失意赴同學之約，走過火車站前的天橋，習慣性地望向路旁一字排開的攤販，心想哪天失業了，或許也來擺攤，這可是門無本生意呢！

　　到了約定的咖啡館，小真已在店內向我招手，許久不見的她依然亮麗，不過一談到目前的工作，兩人有著一樣的無奈。畢業已經兩年多了，一個月的薪水仍然二萬出頭，扣掉給父母的家用和平日的基本開銷後，根本所剩無幾。存款簿上的數字半斤八兩，都只有兩千多元，閒聊時喝的咖啡，似乎有種說不出的苦澀。

接著，小真提到有位在校時成績優秀的學長，在某服裝設計師工作室當助理，工作兩年薪水還只有七千多元，我聽了之後，一股莫名的情緒衝了上來，那不是學徒的待遇嗎？那我們花了那麼多的金錢和心力唸書，到底是為了甚麼啊？就算熬到設計公司的主管，也無法實現自己對設計的夢想。頓時兩個人的心都沉了下來，覺得似乎看不到未來。

　　正當心情陷入沮喪時，剛剛天橋上攤販生意興隆的景象浮現到腦海中，我不禁脫口而出說：「我們去擺攤吧！」沒想到這個無厘頭的提議竟然沒被小真否決，同樣不想再看不到存款數字無法成長的她接著說：「剛剛在路上，我看到一對賣髮夾的夫婦，生意好得不得了，不然我們直接去向他們批貨好了。」

接收到這個正面的回應，我馬上提議說：「好，那我們一起去把錢提出來。」兩個連攤位都還不知道去哪兒擺的小女生，就這麼到了提款機前，各自提出個人的總財產兩千元，去向小真發現的髮夾攤販批貨，這對老實的中年夫妻成為我創業的第一個貴人。我和小貞拿著批來的髮夾 一起到了永樂市場，花了五十元買了塊擺攤用的黑絨布，騎著我們破爛的二手機車，一路上討論著去人潮最多的士林夜市擺攤，如此這般的踏上了我們創業的第一步。

　　如果說起無本創業的力量，我想對我來說就是偉大的貧窮力吧！

▲人潮洶湧的夜市是累積第一桶金的好地方。

窮光蛋的春天來了

　　抱著剛剛批來的髮夾，站在士林夜市的入口，剛剛還志氣勃發的兩個人突然心生怯意，萬一被同學看到不是太丟臉了？好歹在學校也是畢展的兩名總企劃，雖然不是優等生，但一路努力念完自己有興趣的科系，應該是可學以致用的未來青年。現在出了社會竟決定擺地攤，一切都不在生命的預期中，不過，心中的猶豫只停了幾秒鐘，一想到全部的積蓄二千元都賭上去了，就壯起了膽子想：「管他的，先擺再說。」反正決定把太陽眼鏡戴起來就沒人認得，鼓起勇氣，找到一個攤位間的空隙，就在地上把布鋪了下去，沒想到髮夾還沒整理好就有人蹲下來看。

　　我們照著原先討論的價格叫賣「原木髮夾一支一百五，三支四百。」馬上就有客人掏出錢買了三支，客戶的熱情好像會傳染，越來越多人擠到攤位前，我們忙著包裝、說明和找錢，根本連害怕的時間都沒有，一直賣到收攤。兩個人抱著變輕的布包袱，以及一堆來不及數的錢，感覺好像作夢一般。

　　結算了一下，口袋的錢居然有六千多元！那種感覺好像莫名其妙收到了一個大紅包，既驚訝又興奮得難以相信這是事實。兩個窮光蛋各自分得了三千元營業收入，我們當場決定明天再來，

隨後各拿出原本的二千元資金作為明天再接再厲的批貨成本，踏著疲累卻輕快的步伐各自回家。

　　現在回想起來，那時晚上帶著大太陽眼鏡，說話還有些畏縮，眼光不敢直接正視客人、不敢大方介紹商品的我們，還真是有些生澀拙樣。有一次趁客人較少時拿下眼鏡，旁邊的攤販看了瞪大眼睛瞧我們：「啊！原來你眼睛沒問題喔，我還以為你們有眼疾呢！不然怎麼連晚上都帶著墨鏡？」我們不好意思地陪笑，不敢說出怕遇到熟人時如何打招呼的羞澀心事。不過，這也讓我領悟到「新手上路，忐忑難免，但只要抱著傻勁付諸行動，就一定能邁向成功」的道理。

　　雖然「憨膽哲學」是我創業路上的序幕曲，晚上2小時抵上白天8小時的收入，但也還沒憨到立刻放棄現有的穩定收入，馬上投入看起來利潤比上班收入大好幾倍的擺攤生意。我在心中擺上「利潤、遠景」與「風險、穩定」的天平，一邊將擺攤當成長期發展的兼職事業，一方面維持原有的穩定工作，直到兼職的工作漸漸發展出創業的雛型，收入也明顯大於正職收入的數倍之後，我才正式成為創業一族。

膽大心細是幸運的第一把鑰匙

第一天的幸運，若仔細分析，除了老天爺眷顧，也來自膽大心細的盤算。那時，瞎蒙批到的髮夾剛好是外銷廠商的樣品貨，並非到處看得到的廉價品。而念過商職的我也算有些市場行銷的概念，因此，一開始就跟老闆講明了「割地獨佔（士林夜市只能批我一家）」的條件，於是，生意的開端就具備了商品市場區隔的競爭優勢。

還有一點小秘密，就是我們抱著姑且一試的心情，將原本一支99元的售價提高到150元，原因是利潤高的話要可做促銷配套，也比較有彈性，反正試試也不吃虧，若是賣不出去再降價就好了，若是客戶可以接受的話，扣掉當時批價成本55元，那一支就可賺95元，三支400的話，一支也還可以賺78元，豈不是比原本的利潤高多了？更何況在夜市賣東西，殺價是常規，至少賺到銷量大，說不定可以因此降低批價。結果證明這個方法沒有錯，就像有些商家賣的東西用高價位打低折扣戰，可以成功製造人氣是一樣的，我合併購買的行銷策略比便宜賣更受歡迎，也就是說：沒有賣不掉的東西，只有沒有行銷策略的商品。

半年後，我靠著這樣具有高利潤的獨佔商品，存了二十萬元

作為創業的第一桶金，批貨夫婦成為我的好朋友。後來，當我找到工廠源頭時，才發現原來他給我們的批貨價每支髮夾才賺我微薄的合理利潤5塊錢，真是遇到貴人！

　　陸陸續續的尋貨經驗及合作也讓我領悟另一件事，千萬別小看路邊攤的老闆，有許多擺攤者其實都是工廠的老闆，為了清掉一些外銷樣品，或是有些突然的退貨、過多的存貨，因此選擇用最直接的擺攤方式清倉大拍賣，你可以試試在逛街或旅行中尋找貨源靈感。

　　而那位髮夾批發商雖不是工廠老闆，卻是認識那些老闆的直接批貨者，少了一堆中間商的抽成，當然就可以用較市價低的價格賣，而我們就是那個撿到便宜的幸運兒了。所以，只要努力，沒有找不到的貨源，只有銷量不夠大，無法大量訂貨的賣家。

▲原木髮夾是開啟我學習採購商品的第一把金鑰，天然的材質不退流行。

攤位人脈哲學

正因了解擺攤老闆不容小覷的道理，所以我便默默地、積極地在攤商雲集的夜市裡累積人脈，為以後開店創業鋪路。

有些朋友在踏出第一步時會產生許多的擔憂，例如不知道哪裡可以擺？會不會有地霸？遇到流氓怎麼辦？等等未知的問題。其實，位置永遠沒有滿的時候，看到一個空隙就可以擠進去，如果有人趕就挪動，大不了挪到馬路旁或是較偏遠的位置，但注意不要擠到相似商品的攤位旁。

當時我的攤位兩側，一邊是賣小吃，一邊是賣民俗藝品，前面是火鍋店，三種商品都與髮夾毫無關連。因此，在互不干擾的基礎上還能相互支援，除了換換零錢，相互看守商品，互通警察巡視訊息之外，有時還能從對方那兒得到珍貴的市場情報，包括在哪批貨比較便宜？現在最流行甚麼？怎麼跟批發商談價碼？哪裡有最新款的延伸商品可以作搭配等等。這些訊息都成為我日後擴充商品規模與辦貨、選貨的重要基礎。

不過，要跟其他攤商們打交道套資訊，千萬不要去找相同行業的人詢問，而是要懂得「迂迴」之道，選擇與主要目標相關的行業諮詢，並隨時提供對方所需的資訊，收買人心。具體一點來

說，就是想打聽衣服的市場就找飾品的攤商，想打聽賣布鞋的貨品來源就找賣皮鞋的人；如果你目前還沒進入攤商之列，可以在逛皮鞋店時跟老闆閒聊，趁機詢問對方為何不賣布鞋？那麼老闆有可能就會跟你說一堆市場上的分析，如：附近競價太低、這裡客群不適合……等等。之後，再循序漸進地問：那他們店家的布鞋都是去哪批的？由於跟被諮詢者的市場不相關，所以就比較容易被告知。這樣一來，不但得到了重要的商業資訊，還免費獲得老闆級顧問為你做市場分析呢！另外，現在網路發達的世界，當然查網路也是另一個快速補充來源的好方法。

若是想擴充生意路線，對準流行商品賺取時機財，向現有資源的對方批貨到不同的市場及平台銷售，貴一點也沒關係。確定商品好賣，並了解到哪兒批貨更便宜之後，再從源頭批也一樣不損失。因為留一點給別人賺，就等於留一個資源給自己，一步一步來，市場觀察久了，人際關係也打好了，誰家的商品具有競爭力自然了然於胸。如此循序漸進地擴展生意路線，既不會搶人飯碗也可達到目的，正是雙贏模式的最佳策略。

再提醒創業新手，誠信是學做生意的最根本，大家說好的的產銷規則，別人遵守自己也不可以破壞，說好不可跨區賣，就別輕易讓自己背上竊取商業機密或不守產銷制度的十字架，世界真的不大，台灣更是小，失去信用之後彌補不易，商業機密是短暫的，經營卻是長期的。

合夥創業膽量加倍

跑警察，是擺攤生活中必不缺席的「活動」；有時賣到正熱，一眼瞄到警察先生的身影，再大的生意也要先放下，布包捲了就走。有一次賣得太忘情了，等到警察出現在眼前，來不及跑了，只好使出雙美求饒記，先傻笑、撒嬌，再苦苦哀求罰金少一點。

當時，我就很慶幸有個好夥伴，尷尬少了一半，膽量大了一倍，許多一個人時講不出來的話，有個人幫襯就溜多了。小真就曾對警察先生說你很帥，饒我們一命吧！……等等之類的話，還果真奏效，大部分台灣警察還是有人情味的。

所以生澀的年代我選擇兩人合夥，說好分工合作，小真細心又貼心，負責專心做生意服務客戶；我眼明手快，負責看警察、做公關，兩人合作無間。對於利潤的分配，以五五拆帳為基準，也沒有發生過甚麼金錢紛爭，反倒是由於兩個人的外型風格不同，擴大了客層範圍。

常聽到因合夥而產生糾紛的事件，建議找夥伴時若能選擇價值觀及人格相近的對象，就能減少這類問題的發生。至於分工的部分，實在是很難分得完全公平，重點就是互補；若是了解自己

是個優柔寡斷的人，有個膽大心細好夥伴可以幫你跨近一大步就是互補，尤其是要在一個陌生地點創業的時候，或是擺攤地點有較多安全疑慮的時候，有個同好搭檔也會安心、快樂許多。

　　但若是從過去經驗來看，合作關係常令你不愉快的話，也不一定非要合夥才行，單兵作戰也可以創造好業績。

調皮的黑妞總是賊賊的
欺負豆豆時
總是出其不意
快打輸了就假裝休戰
等對方不察時再偷襲對方
十足的賴皮鬼
裝無辜、霸佔主人是黑妞的專長

最佳行銷：街頭表演達人

　　在夜市擺攤除了貨品的交易，在國外還有許多街頭表演藝術者，他們該如何在夜市中做最佳行銷呢？我看過最特別的，就是一個在日本澀谷的商店街前表演鼓藝的年輕黑人了。

　　冬日傍晚，我坐在澀谷一家星巴克的門前欣賞著人來人往，前面的廣場有一位穿著特別的年輕人，看起來就像是個藝術表演者，正在打開一個像聖誕老公公隨身的白色大包袱，布包下漸漸露出了一個大鼓，以及許多鼓棒與鼓架。接著，他從大鼓內再拿出一個中鼓，中鼓內再拿出一個小鼓，就如俄羅斯娃娃一般讓人感到驚奇，這些動作開始吸引了路邊的人潮，朝著年輕人圍成一個圓。

　　十幾分鐘之後，年輕人慢慢組裝好了所有的鼓，人潮也剛好聚集，鼓聲響起，震懾了在場聆聽的人。一首之後再一首，掌聲不斷響起，三首之後，年輕人突然開始收攤，然後，謝謝大家的觀賞。於是，擺在前面的打賞桶開始叮叮咚咚地進了帳，年輕人背起大包包，並沒有離去，而是轉身走進附近的小巷中坐在路旁休息，待原本的人潮散盡，他又走了出來開始打開包袱，組起鼓，演奏三首，收攤、打賞、離場、再出來⋯⋯。

❶街頭藝人開始拿出樂器。❷慢慢擺設準備吸引觀眾。❸只表演三首就收攤。
❹做出激烈的結束動作打賞。❺迅速收攤，觀眾解散，之後重新再來一次。

▲表參道許多餐廳門口也賣起手工麵包。　▲現場表演販賣的是一種情境。

　　他的動作讓我由好奇轉為不解，再領會到這是「利潤加倍的行銷手法」，不禁大笑，佩服起他來。如果他一直演奏下去，再精彩的表演也只能收一次賞，而且人潮來來往往，許多剛剛欣賞到精彩表演的人，可能在還未打賞錢就離去。如此這般重複，雖然很累，卻可收到一次又一次的打賞錢，豈不划算！真是高招！

　　表演是一種藝術，街頭是最接近觀眾的舞台，雖然加進了商業性的行銷思考，卻不見得會貶低藝術的地位。有許多的表演藝術家、民俗藝者，都是從街頭起家的，也有許多表演藝術系的學生利用課餘時間在街頭表演，一方面練膽量，一方面賺學雜費，還可以累積表演資歷，不正是一舉多得的好「生意」嗎？**與興趣結合的賺錢事業，不論怎麼算都贏。**

攤位行銷的一對一公關

　　夜市擺攤，首要的行銷技巧就是要能「喊」住客人，尤其是在那麼嘈雜，到處充滿叫賣聲的環境中，吸引客人的誘因實在太多了，靜靜地等在旁邊是無法讓客人停留在攤位前的。

　　喊住客人的技巧，重要的是要把購買的誘因在短短的一兩句宣傳語中傳達清楚，如：進口髮夾三折拍賣、流行襯衫買一送一等，只要口號響亮，自然就能讓人停下腳步，這時若再加上親切專業的服務態度，成交就不是難事了。

　　宣傳用語管不管用，幾分鐘之內便見真章。如何讓客人對你第一印象深刻也是學問，我就曾經為了讓客人記住我，特地燙了一個大爆炸頭。或是以當時銷售商品的風格為主，用心搭配整體服裝，所以我只要把新商品往身上一戴，往往不到幾分鐘就會有客人想從我身上拔下來，一點也不介意這是我戴過的東西，反而說不用找新的了，就要那件！這是因為示範者已經塑造了商品的使用情境，讓消費者產生想要跟他一樣的衝動。

　　因此，推銷商品不是只談功能或價格而已，若是流行飾品就一定要創造使用情境，最好還能創新一些搭配妙招，根據不同的客人特色給予不同的建議，才能創造個人優勢建立好口碑，同樣

的一支髮夾如果你能夾出流行與獨特，還能免費提供夾法教學，那就算比別人貴一些，還是會有客人願意買的。

如果現在你正在擺攤或只是租了一根柱子在做生意都沒關係，除了沒有寬廣的店面之外，攤商交易可是最頂級的一對一VIP專業諮詢服務，千萬別小看了自己的行業，覺得比不上那些有品牌的經營者，只要做得好，客人是有可能跟著你一輩子的，甚至是他的親友與子子孫孫都可能是你未來的客戶。如果現在用心經營，客戶就會成為你最好的宣傳管道。

也有朋友對這種「永久公關」的觀念產生質疑，認為攤商是流動的應該不用考慮到那麼遠的未來，然而如果是抱著「我一定會成功」的想法去做事的，就會像我一樣，在攤販及專櫃時期的客人現在也到我的店面來買東西，甚至加入我的員工行列呢！

汪汪喵喵角色介紹

咪咪

在路上流浪的咪咪
被愛護流浪貓的表妹帶回家了
牠被照顧得一塵不染
粉紅鼻子白白嫩嫩
眼睛像糖果晶瑩剔透
現在的咪咪
是天天看著窗外的
幸福寶貝

掌握時間收入倍增

　　澀谷表演達人利用時間的精算法，讓人潮在他擺好攤後剛好聚集完成，三首曲子之後剛好讓人願意投幣，重複的步驟讓一個夜晚時間分割成好幾段表演場次，增加收益。而我則是以地點與路線的特性，精算出倍增的時間效益。

　　士林夜市的攤位經營日漸穩定，我和搭檔開始探尋其他的擺攤地點，從地下道、人行道、東區，到學校附近的路線，一一實地觀察擴展出另外兩條主線，一條是後火車站附近，尖峰時間又是轉車的點，附近辦公大樓林立，每逢傍晚下班時分，上班族都會經過此地，正是擺攤的好地點。

　　另一條是銘傳學院前的地下道，那條地下道燈火通明也很乾淨，夜間部學生來來往往，流行飾品正符合此族群的需求。

　　從交通路線的角度來看，1火車站→2銘傳大學→3士林→在同一條路線上，不會因為繞道而浪費太多時間；從人潮時間來看，後火車站5～6點時粉領族下班，銘傳學生族下課約6～7點，士林夜市夜市族人潮最多是7～11點，剛好可以銜接上，一點也不浪費時效。

同樣一個晚上的兼差，只要經過周密的安排，就可以創造更大的收入，也可以趁機觀察不同地點的市場特徵，作為日後開店選擇地點時的參考。當然，若是客戶關係經營良好，也可以將三個地點的客群一起拉到你的固定店面，這可比貼海報等宣傳手法直接多了。

那麼，同類商品該如何在不同地點，贏得不同群族客戶的肯定呢？現在，就透露我當時的三大攻掠法

· **粉領族攻掠**：低價高品質，抓住時尚，創造流行感，加入同品項不同款式的商品。例如當時我們的商品就增加了金銀亮色系的髮夾。

· **學生族攻掠**：賣賣商品附贈教學，協助打造個人風格DIY免費教。例如當時我們的商品就增加了髮簪，教學生們如何用一根髮簪盤頭髮。

· **夜市族攻掠**：淑女在此無用武之地，先喊先贏，吸引人潮注意就是致勝之道。例如當時我們就高喊買越多越便宜，衝衝衝！

這三大攻掠法歸總起來，就是用心加創意，如何依據客戶的需求，創造自己**因時因地的客製化靈活服務，口碑相傳，就是擺攤的王道。**

擺攤沒有想像中卑微

　　擺攤可以是創業的第一步，也可以只是一場遊戲，或許在你出遊的路上，心血來潮的時候，就可以開著車去擺攤，愛冒險的我就常做這種靈機一動、無傷大雅的事。

　　在我已經擁有汪汪喵喵館之後，擺攤的樂趣仍讓我念念難忘。某天，朋友邀我一起到中部旅行，並提到她想嘗試擺攤的經

▲旅行中和友人預謀順道經過逢甲夜市，就這樣打開車廂，賺回旅費。

驗。我一聽就滿口贊成，剛好可以重溫舊夢，於是開始把一些庫存貨品往後車廂丟，而朋友則返家清出過多的服飾敗家品，一起往中部出發了。

旅行回程至台中市區，繞道至逢甲夜市，找個定點停好車之後就把後車廂打開，開始叫賣不到兩個鐘頭，我們那趟旅費已經賺回來了，還有盈餘。我的商品和朋友的二手服飾賣了一萬多元，這個意外的旅程成為我們難忘的回憶。

擺攤真的沒有想像中的困難，不用考慮太多，想做就去行動吧！不一定是為了要增加收入，它可以是另一種人生體驗，或許是你創意作品的實驗管道，看看市場是否可以接受你的作品；或藉著與客戶的互動，了解更多市場需求，啟發更多的靈感。

▲某個假日在天母的市集裡看見這一攤手作的羊毛氈，實現了手創者的堅持理念。

若是藝術表演者的話，可以當作一種傳達自我理念的管道。從古老的賣菜攤車、賣水果攤車、修玻璃車、到現在流行的咖啡車、PIZZA車、運送狗車、都是衍生出來的流動擺攤方式與文化。

　　如果想跟我一樣，那天心血來潮，用擺攤賺旅費也是一種樂活方式，只要一輛車，白天遊山玩水晚上擺攤賺錢，開到哪擺到哪，也是浪漫！

　　當然，現在的時空與消費族群的轉變，如果是部落格賣手工商品、網拍或創意市集，都是取代隨意攤販的好去處！

在紅樓的市集裡，看見了手創者進一步商品化、品牌化的雛形。

小莎莉擺攤實戰創業小叮嚀

減少跌跌撞撞的經驗，給第一次創業擺攤的人幾個祕訣：

一、貨品獨特等於價值

獨特性強的商品，沒有市場競爭的問題，創意性的手創商品、新發明，搶先上市商品都具有這項優勢。

二、劃地為王等於利多

就算沒有獨特性商品，也可以藉由取得區域市場的獨佔權，為自己保有競爭優勢。

三、優選大眾市場等於避險

不同的地點，就有不同的客戶，所賣的商品必須符合客戶的需求，剛開始若判斷力較差時，可選擇生活應用性高的商品。

四、向錢看齊等於為夢造梯

許多創業者有遠大的理想，總想做到最好，或是堅持自我的創意，因而撞得滿頭包。其實何不採階段性目標，先依市場需求為主賺第一桶金，再循序漸進地為自己圓夢呢？踏出第一步的商品也可以不是自己的最愛，只要是自己可以掌握的，具備前三點優勢就可。

五、開墾處女地等於領先商機

擺攤除了一些大家熟悉的地點之外，也可以自己開發屬於你的黃金地點，不用跟人擠，也不必擔心會被趕，例如：

1. 地點好生意卻不好的店家門口，為了增加收入，店家有可能願意以低價分租給你。

2. 連鎖店面走廊邊，保障人潮，活動熱絡，幾千元租面牆也

是有可能的。

3. 獨立出入的二樓樓梯口，有些外宿朋友租了鬧區的舊屋二樓，一樓的樓梯口正好可以擺個創意小攤又近又免租，一舉數得。黃金處女地的價格因為無例可循，可自己開價。

六、開放心態等於廣佈人脈

對於其他攤商，或是有利益關係的廠商，都不要太排斥對方，保持開放的心態，相互交流，說不定可以挖到許多人脈寶藏。

七、理性投資節省進貨成本

不要因為生意鼎盛而盲目的擴充進貨，以我的經驗，剛開始保持前一天營業收入的成本額作為再進貨投資，有多少就投資多少，創業按部就班，是最有保障的保守投資法。

八、創造永續經營

如果有創業的想法，就要把擺攤當作創業的開始，經營品牌印象和客戶群，不要因路邊攤的客群是流動的而小看未來的忠誠度，口碑永遠是最好的宣傳。

九、勇氣比別人多一點

要長期經營擺攤真的並不輕鬆，但如果別人都不願意而你願意試，等於你比別人多了一個贏項，如果能夠凡事都比別人多試一點，那一點又一點的勇氣創造出來的機會，就是超越他人越來越多的優勢距離。

十、判斷開店時機

當營業收入不斷增加，進貨需求大於攤位大小供給度的時候，就是邁向下一步擴店的時機了。

不再流浪的固定專櫃

如何兼差創業燃燒熱情？DIY創意的連結如何開始？
經營小櫃如何運用坪效？如何辭去正職工作順利當上百元富翁？
哪些小攤行銷方式可以引人注目？
「從今天起，我不用再跑警察了！」

全部財產當賭本

　　忙碌的夜市擺攤歲月，讓我存摺內的數字由四位數升上了五位數，再由五位數升上了六位數，不過才短短半年的時間，我跟小真都已存下了人生中的第一桶金。

　　這時，我對未來的夢越來越清晰，也知道夢的開端必須「擁有一個真正屬於自己的攤位」，而小真卻開始有了倦勤的念頭。當我跟她提出下一階段的計畫時，她卻笑著跟我說：「唉！好累還是找個金龜婿好了。」我雖然覺得有些訝異，好不容易發展出一個事業的起點，怎麼會那麼輕易地就想放棄？不過，轉念一想，每個人都有自己想要的幸福方式，就尊重她的意願，獨自開始努力尋找下一個夢想的起點。

　　雖然士林夜市是我的幸運地，不過我夢想中的固定攤位卻不在這兒，而是希望能找一個周圍環境較為悠閒些的地方，比較符合我的設計調性與生活風格，幾經考慮與實地觀察市場之後，我選擇了「天母」這個富有人文氣息的地方。

　　十年前的天母，是個匯聚異國風情與精品的高消費社區，許多外商公司的主管與高收入上班族都居住在這裡，整個社區環境散發著一種特有的風情。而那時因為沒有捷運，華納威秀商圈也

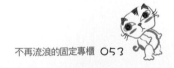

尚未發展，所以台北市的逛街人潮會因為它的異國風情而延伸至此。

一到這兒，我就對它「有品味」、「有人潮」、「富悠閒氣息」的特質所吸引，於是，一方面努力尋找出租或頂讓的攤位，一方面開始思考我的商品方向該從那兒發展？沒多久，一張天母跳蚤市場入口的頂讓海報，吸引了我的注意，那是入口的一個小攤位，約一坪左右，雖然不大，可是位置顯眼，同一條街上有許多品牌服飾的專賣店，也是天母逛街人潮必經之路。當下，便直覺地浮現出：「沒錯，這就是我要的」想法。

洽談後，以十萬元的頂讓金成交，那可是我當時所有財產的一半呢！所謂的頂讓費，是指攤位的使用權和它原本靠牆的一個木櫃，日後還要每月付一萬元的租金和幾百元的水電費。對一個剛創業的人來說，這其實是一個滿大的賭注，因為，接下來的裝修費用加上批貨費，也幾乎要七、八萬元，等於是將全部的財產丟在一個全新的起跑點，而我也從未在這個地點做過生意，更沒有任何熟悉的朋友可以帶領我一起努力！

事後，雖然知道內情的朋友都說我大膽，但我卻十分篤定這項決定的正確性，秉持著「有人潮就有錢潮」的看法，而且有人潮的時間是我正職工作的下班時間。我一點也不擔心是否會失敗的問題，反倒有一種「終於擁有自己專櫃」的喜悅，精神百倍地準備大展身手。而且，我大略推估過，如果進貨成本是五萬元，一個月只要賣十萬元就可以賺一倍的收入，反推每日營業額，一天只要賣一二千元就可以回本，而依據之前的地攤經驗，這個營

業額並不難達到，最慘的狀況應該就是沒賺到錢而已，應該不會有虧本的情況發生。因為有著對創業的堅持，我以「大不了做白工」的心態，開心地進行我下班去創業的實驗。

那麼，商品呢？要賣原有的髮夾嗎？嗯！成功的商品當然要繼續保留作為生意的金雞母，其他商品只要賺錢的就賣。不過，擁有自己專櫃的目的，就是要發展屬於自己的設計商品，一坪大的面積，我最好的選擇，就是「飾品創作」。

精算商品小所以占地面積小，卻能發揮最好的銷售成績叫做**高坪效，是租不起大店的人，想要節省成本的第一個考量重點。**

汪汪喵喵角色介紹

101麻月臉棄犬

牠是我再仰德大道山腳下撿到的101忠狗
看見牠好小一隻撇傻傻地在車陣中穿梭
可愛又可憐
騎著機車開店去的我
於是用腳夾著牠騎到店裡
送給了店附近的阿媽養
看見牠很快地長得又高又壯
我很得意加開心

一條銀線ㄠ出創意之門

決定了天母的固定攤位之後，我仍然繼續白天當上班族，晚上兼差擺攤。所以我除了籌備開店的陳列及訂貨，也開始進行商品的創作規畫。

到底該做什麼才好呢？雖然大方向已定，但飾品的範圍仍然很廣，我想了想，決定用銀線加一些特殊的配件做為創意的出發點。因為許多女生對合金的材質過敏，而純銀材質則連過敏體質的人都可接受，且質感佳、成本低，一捲銀線不超過兩千元、一捲銅線幾百塊、一捲鋁線幾十塊，配件材料一包一百元可做二、三十對，適合DIY自由造型，正符合我的需求。

由於我的工作是藝廊服務員，每隔兩小時就有一段休息時間，所以我就利用那些時間做銀線飾品。所有的工具就只有兩把鉗子，一把彎曲造型用的尖嘴鉗、一把平口鉗，以及一捲銀線和一些點綴用的玉石配件，幾分鐘就可以做一付耳環。做好的小耳環、小墜子掛滿了我的檯燈支架，有些到藝廊看展的民眾看到了我的作品，還特地跑來問是否有出售呢！而同事們也都對我的作品給予高度肯定，這些小作品成了大家茶餘飯後討論的話題，讓我對創作的信心更加堅定。

當時還發生了一個小笑話，剛開始做飾品時，雖然是利用上班休息時間，不過慢慢地忍不住偷偷在櫃台內掛起完成的戰利品，沉醉其中。只要一看到主管經過，就會馬上作品收到桌子下面，可說是眼觀四面、耳聽八方。有一次實在太專注了，主管經過我的桌子前，我還繼續努力研究著手上的銀線，檯燈上的耳環吊得滿滿的，這時只聽到兩聲「咳！咳！」聲，我抬頭一看，正是主管，手上的東西收也不是、做也不是，就用最燦爛的笑容說：「主任好。」主任看了一眼，就走了，在旁的同事們看了當時的情形，虧我真是膽大，日後，還經常拿那個「燦爛的微笑」來取笑我。

　　不過，幾次之後，由於我選的材料都很特別，而主管們又都是藝術家，看著看著有時就跟我討論起玉石與琉璃的材料去那

▲銀線手作項鍊。

買、品質如何判別等問題，讓我收穫又多了不少。從此，我的創作就更無後顧之憂地發展起來了。但是我還是要提醒各位朋友，想要在正職之外發展自己的第二事業，除了要懂得對主管「燦爛的微笑」與「禮貌的招呼」之外，可要把份內的事做好，遇到被主管發現另有計畫時才能用這兩招化解尷尬。當然啦！我也算是個幸運兒，遇到懂得欣賞我的主管，但與其說是主管，其實他們都是藝術家，真是要特別感謝他們，沒有用制式的規矩來管理我這個不安分的靈魂。

曾經自創手作的生財器具只有兩把鉗子加一根木槌的我，剛剛提到的「材料特別」，可是發展創意的重點。現在DIY風氣盛行，除了外型設計要吸引人之外，如果材料不夠特殊的話，就容易成為平價品；而只要材料夠美、質感夠好，隨便一個簡單的造型都可以突顯出它的價值。所以，我直覺地排除了一般DIY材料行的人造材質，而常到建國花市旁的玉市尋寶。

玉市內有一些平價的玉、水晶、琉璃珠和各種自然寶石，這些都是不退流行的材料，就算隔了幾年，現在再拿出來做設計仍然可以吸引人，所以具高保值性，或偶而到山地部落玩也可以買到獨一無二的手工的琉璃珠。相反的，若是一些因應流行所生產的DIY材料包，不但大部分是塑膠製品，感覺不高級也不環保，流行一過，就失去了商品價值。所以，想要自己創作的話，就一定要勤勞些，發掘符合自我風格的天然材料、低成本材料，才能搶攻第一個商品贏面。

弱女子成為DIY悍將

　　既然我用銀線做飾品創作，線的創作就是我的賺錢法寶，所以我開始在心中構思它的雛型，打算親手實現這個夢想。攤位的色調以黑底為主，這是為了襯出銀飾的亮度對比所做的決定，於是招牌、櫃面全部改漆黑色，再加上幾盞投射燈增添氣氛。商品除了自己DIY的銀飾之外，原本的木質髮夾也是主攻商品，再以此為商品系列主軸，找尋更多不同材質的髮夾、髮飾、髮簪，讓商品線更完整。還有，那塊跟著我擺攤半年的「黑絨布」，也成為我櫃面桌上的紀念性桌布。

　　對我來說，這不只是一個小小的固定攤位，而是展現自我風格的開始，一個發揮創意的自由天地。佈置攤位那幾天，我利用下班時間四處找尋櫥窗設計的材料，這時之前的工作經驗正好派上了用場。由於資金不多，所以從櫃子的裝修、油漆、招牌製作、訂桌子、掛陳列網，都自己一手包辦，為了省成本，到台北的太原路尋寶找材料，就連掛飾品一個十元的S勾都自己買鋁線做，常常忙得揮汗如雨卻熱勁十足。

　　有趣的是，有天下班後，我騎著摩托車，前方踏板上載了幾塊一百多公分長的三夾板，後方座位上載了一大包的工具材料，

大包小包搬下機車，一切自己DIY。當我拿起榔頭正要敲敲打打拿木板，自己釘桌子時，回頭一看，一位之前在職場認識的異性友人突然在攤位前，看到我這個模樣，跟他原本心中優雅的形象的上班族完全不同，他愣在那兒一動也不動，我也覺得好笑，可能他想見到的是一個夢幻女孩，結果卻看見一個灰頭塗臉的灰姑娘吧。

其實，「獨立自主、克服萬難」正是一個創業者必須具備的條件，為了追夢、實現夢，路途上可能會遇到意料之外的困難和挑戰，都需要這項特質，加上勇氣與對夢想的堅持，才能一步步邁向顛峰。不過，各位築夢者先別害怕，有夢的人就有熱情，我認為熱情就是創作著的燃料，你有多熱情你就能撐都久，通常只要具備這樣的認知與特質，遇到困難時自然就會有解決的毅力。

就像我這個小攤位的經營，與夜市的生意模式完全不同，在夜市我只以累積第一桶金為目標，經營攤位時我才自由揮灑，學習如何賣創意變現金。憑著這樣的毅力，一樣又一樣的摸索出屬於自己的無本生意模式，晉升到下一階段。

效益百倍的櫥窗哲學

▲品質優良的經銷商品可以為店裡加入流行元素。

　　當黑色為底的「銀寶兒」招牌一掛上去之後，燈光一打，我的未來也跟著亮了起來。在這小小的一坪攤位上，我創造了破爛也可以變黃金的小攤奇蹟。「**用最少的成本，創造最大的效益。**」一直是我做生意的贏家法則，而這個法則應用在「空間」方面，當然就是「**用最小的坪數，創造最大的獲利環境。**」沒到過我的攤位的人，可能很難想像我如何把原本只有一個木頭展示

櫃的一坪空間，掛出幾萬件商品，還有客戶跟我說，逛別的攤位可能只要十分鐘就看完商品了，但逛我的攤位怎麼看了半個鐘頭還覺得有東西沒看到啊！這個訣竅就在於「善用坪效」。

由於我是入口第一個攤位，所以前面還有一個走廊可以利用，於是我訂了一個小桌子，將攤位延伸一個摺疊桌，就可以多了一個展示平台。再者，就是在壁面上加了許多格子掛網，五金行買的一個5×5cm的鋁網格就可以掛一付耳環，加上將專櫃的櫃門打開，加上釘子掛項鍊、鑰匙圈等小物品，一下子就增加了好幾倍的陳設空間。

這樣就夠了嗎？當然不囉！我還利用拉、牽、繞等各種方法，在面與面間加上吊掛繩，讓一面二次元空間的牆面，頓時多了好幾個層次，至少可多掛上百件商品。外部空間由一次元、三次元到複合次元空間，專櫃內的陳設空間當然也要想辦法多層次。擺設的原則除了要有階梯性，以免前面的商品擋住後方的商品之外，也可多利用「格子狀」的層格，和「商品」吊掛「商品」的方式，創造有商機的展示氣氛。

空間規劃完成了，還有一個關鍵點，就是「開放」，我希望每個客戶都可以直接觸摸到商品，就像地攤一樣。因為只有客戶直接觸摸到商品，才能刺激購買慾，雖然已經不是夜市內的路邊攤了，仍希望固定攤位保有地攤上的展示模式，商品上不加塑膠套，也不關閉在玻璃盒內看得到摸不著，讓客戶找到最適合他的商品。

可是問題來了，面對完全開放、琳瑯滿目的美麗小飾品，

▲數大就是美。

▲載木格架的框框　,東西怎麼堆都亂中有序。

小偷怎能不蠢蠢欲動呢？這時，DIY的S型掛勾就派上了用場。一般買的S型掛勾材質很堅硬，所以無法環扣住商品，只能吊住商品。而我因為要省錢DIY，所以選擇較軟的鋁線為素材，也因此可以自由ㄠ轉掛勾，把商品掛上去後，就可將勾子扣住掛網，「秩序感」排排展示，那麼，那一排缺了一個洞，我就可以很快的看到，判斷是否遭竊具有不錯的防盜功能，可說是無意中的收穫。

　　有些朋友會問我：「將攤位擺得那麼滿，進貨成本不是會很高，看起來也很亂吧？」我則回答：「當客人源源不絕時，適度的投資就是把握錢潮囉！」很簡單的道理，商品越多，客戶選擇越多，銷售量就越多；重點還有一個，逛攤位的客戶，就是喜歡「尋寶」的感覺，在一堆眼花撩亂的商品堆中挖到寶，也是逛街者的樂趣。而我的商品中，已經有一項是成功商品（在夜市為我賺第一桶金的髮夾），另有一半以上是我自己DIY的銀飾品（實際成本低廉，幾近無本生意），所以商品越多，我的利潤只會越大而已。只要維持「亂中有序」原則，就能讓一坪空間發揮十坪的效益。

滿足客人的心機推銷術

　　一個固定攤位，有了琳瑯滿目的陳列商品，接下來該如何快速的打開客戶的荷包呢？跟夜市地攤不同的是這裡不用大聲吆喝，也不用太花腦筋想宣傳語，讓客人停住腳步。而是要以攤位整體氛圍吸引住客人的目光，再加上親切的招呼，與專業的展示介紹，才是致勝者策略。我接觸客人心理學，就是在這個小小的攤位土法煉鋼而來的。然而，甚麼才是專業的基本介紹技巧呢？

小莎莉待客十大祕訣
一、一見鍾情
　　站著迎接來客，客戶對介紹者產生了好感與否，甚至可謂一見鍾情的交易行為，客人買不買，我認為神奇的決定在前三秒的印象。有時就算商品沒那麼喜歡，也會因為對你的好印象而購買，這樣情感交流的前三秒定律，我認為是買賣中很重要的一點。

二、察言觀色
　　看看客人是否會一直看某類商品，或東看西看沒有目標？如果專注地看某類商品，就表示他有既定的方向，通常購買率就很

高。所以要主動介紹該類商品中最流行的，或是最合適對方品味的（觀察顧客的穿著及搭配的形、色、材質三大要件），才能深入引起客戶的興趣。

介紹時要拿起商品，一一介紹它的材質、特色、搭配方法與相關的流行報導，當客戶專心聽你解說時，就對商品產生了感情，會對介紹者產生信任。隨意抓商品、隨便介紹，只會適得其反，甚至失去客人的信任感。

三、切中要點

適度適人介紹，再從客戶的打扮、衣著、配件與回應瞭解他喜歡的樣式需求，馬上挑選出幾樣符合對方想法的商品讓客戶試戴。當客戶開始將商品配戴到身上之後，適時的稱讚就是催化劑。不過切忌誇大其辭，否則有可能產生反效果，這是贏得專業的交易行為。

四、順勢推舟

通常展示一段時間，只要客戶看得高興，購買的比例就會很高。若是客戶要殺價的話，切記要殺價就是想買，可以順勢推銷「買多特惠」方案，或是在預設的範圍內滿足客戶的慾望，這是危機就是轉機的交易行為，也是促成買賣成交的祕訣。

五、見風轉舵

如果客戶在你介紹商品的同時轉頭看其他商品，表示對介紹的商品沒興趣，這時可以讓客戶自己慢慢看，不要讓客戶產生壓迫感，等到客戶發問再繼續介紹；或是趁這段時間觀察客戶的喜好，再試著介紹對方可能有興趣的商品，為成功的機率加分。

六、留下伏筆

若是客戶走掉了，別覺得太懊惱，維持禮貌向客戶道謝，說聲「歡迎有空再來」、「我們每星期都有新貨，歡迎有空來看」都可以讓客戶留下良好的印象，遲早客人會上門。我常常在捷運站旁看見一個賣早餐的阿伯，逢人就宏亮地喊早安！哈！真是令人印象深刻的高招。在天母擺攤的日子裡，有許多客戶成為我的老顧客，最特別的是一位大約六十幾歲的婆婆，每天騎著小載貨車去撿破爛，回程約十一點時就會載滿了回收物，到我的攤位逛，不論買不買，我都會熱情招呼。可別小看了這位可愛的回收婆婆，綁著兩條小辮子的她，身上常穿著件可愛圖案的洋裝，買的商品正是我所DIY的飾品，有一次還居然買了上萬元付現。連我都沒想到！我的第一位萬元顧客，竟是一位回收婆婆！

七、無中生有

對於沒有目標隨便看看的客人該如何展開推銷必殺技呢？就是直接推銷你的主推好賣商品。根據我長期的觀察，以裝飾品而言，有一半以上的人逛街，不會預設自己想要什麼東西，都是看推銷員是否可以打動他的心，或是否可以贏得他的信賴而已。因為裝飾品原本就是是賣美感，而不是必需品，所以自己一定要先計畫好主推商品的推銷術，將主推商品放在較醒目的地方，只要有客人靠近就先介紹這項商品的品牌故事、特色與搭配法，再親身做示範表演。

以前我賣髮夾與髮簪，常常挽起頭髮做造型，介紹髮簪的使用方法時，每次一表演，立刻開始聚眾，人潮一多，看得越久，

購買慾就越強，自己「秀」完就鼓勵客戶自己試，當對方試了，購買率就會達到百分之九十以上喔！所以，若要說個人的吸金秘訣是甚麼？就是無中生有，創造魅力。

八、有備無患

展示時，專業能力的高低則是決定你展示成敗的關鍵，要不斷深造專業技能。例如根據對方的臉型、身材、髮型提供最佳的建議，並分析為何這項商品適合對方的原因。如果客人是圓形臉，就可以戴長墜耳環或長項鍊，這有拉長臉型的效果等等建議。一邊讓客戶看鏡子印證，當客戶看到實際的效果之後，就可以贏得客戶的肯定。

賣甚麼商品就要有甚麼資訊，要常做功課，比如賣有機的人就要會說明蔬果來源及食用優劣，賣三明治就要會說出自己不同的原料，賣鞋的就要會幫客人保養鞋子的說明……等等，對自己的商品相關周邊全盤了解，要會商品分辨材質具有甚麼特色，如何判別材質的好壞，什麼會過敏、什麼不會過敏，才能解決客戶的疑慮。總之，自己要不斷進修，有深度地介紹商品，不要淪為強迫推銷。

九、化險為夷

遇到喜歡商品卻不知該怎麼用在自己身上的客人，例如喜歡髮簪卻因為短髮而無法將頭髮盤起，一定要馬上為客戶想出解決辦法：「不用把全部的頭髮盤上啊！盤起部份的頭髮也可以有另一種造型。」其實為客人提供建議的推銷術，就是考驗自己的創意思考能力。而想辦法讓客戶驚奇，就是交易成功的最高境界。

十、量身打造

　　面對不同的客戶要有不同的建議，並為客戶量身訂作建議商品。我每次去潛艇堡專賣店，服務員問客人要甚麼或不要甚麼，都可自由選，這就是量身打造的服務，會讓顧客有尊榮服務感。

　　平常去消費時，可以觀察別人怎麼做，就是很好的教材。我到常去的咖啡專賣店點餐時，服務員都問我「今天」點甚麼?多了兩個字更拉近了彼此的距離，這樣的服務能讓銷售加分。在擁有自己的店之後，我會請我的服飾銷售人員把老顧客的名字都記下來，傳達了量身對待的概念，再加上經過實戰練習，每個服務員都可以成就專業。幫顧客搭配出屬於客人的造型，商品也多了不同的生命力，客戶對你的尊重留下了印象，就容易成為老顧客，品牌的印象也就建立在客戶的心中了。

汪汪喵喵角色介紹

小莎莉

水瓶座
正義感強、行動力更強
矛盾：浪漫卻精算
貪心：喜歡貓也喜歡狗
迷糊：只記想記的東西
是可人～可賺錢的設計人
更是完人～追求完美的工作人

尋找熱賣商品

　　如果說我的手作是種子，讓夢想有了萌芽的機會，我想是因為我做的夢比較實際，有了小攤之後，我心裡的下一個目標就是，一定要再存第二桶金！

　　雖然在天母的小攤這個階段，我已經開始了銀飾的創作，但我並沒有將自己定位為一個手作創意人，而是開始積極地學做生意。因為我知道：如果要發展自己的品牌作品，一定要有財力為後援。所以選商品、談交易、做買賣、看市場、觀流行、訂策略、從別人的品牌中學習經驗，一切只為了再存下第二桶金，走出自己的創意世界，學做生意成為我這個階段努力的目標。

　　轉換經營型態之後，我從一項成功商品「髮夾」，延伸到同類別不同材質的好賣商品，包括金色、銀色、等各種顏色的髮夾與髮簪，讓系列更為完整、色彩更為繽紛，讓客戶能在第一眼就被吸引，也提供更多的選擇。不過，很快的，光是這些髮飾和項鍊、耳環等商品已經不敷所需。由於生意太好，所批的貨品常常一下子就銷售了一大半，而那時又開始流行「日系角色商品」，所以我的觸角就開始往外延伸至當時風行的kitty、貝蒂、趴趴熊、momo熊、維尼熊、小叮噹、美樂蒂、布丁狗等，所謂的302

日系角色商品。還記得當時抓對流行，商品常常剛擺上去就被買走，有時連補貨上架都來不及，就因為這樣每天進貨、銷貨，我因此練就了一身快、狠、準的採購功夫。

但是，流行的商品大家搶著賣，為何我的攤位生意特別好呢？一方面是因為同樣的商品、同樣的價錢，客戶當然會選擇服務較好、產品較齊全、陳列更吸引人的攤位購買。另一方面還有一項很重要的秘訣就是「永遠跑在別人前面」，先拿到最新商品。做生意不僅要比腦力、體力，還要比誰動作快。在流行商品批貨的地方，常發生搶貨的情形，有時當批發商打開新貨的那一瞬間，早已等在那兒的幾十隻手就往袋裡伸，拿到甚麼是甚麼，有的還搶到流血受傷。剛開始覺得非常不可思議的我，對這種盛況只能說敬謝不敏，也總是當個旁觀者，秉持著搶來的東西不一定好的原則，等到其他散了之後，再以「知己知彼、百戰百勝」的冷靜思考，選擇具有商機的經典性商品。或預先請進口商幫我整箱訂貨，當然就變成不必跟著搶貨的大戶。這樣，即可不盲目地跑在別人前面了。

自從經營這些日系商品角色商品之後，我也開始學習觀察流行商品的元素，瞭解市場行銷與客戶供需的問題，學著如何抓準趨勢進最合適的貨，如何避免存貨問題，如何與日系商品進口商洽談，並開始研究如何創造一個成功的角色品牌。這些都成為往後我創作喵喵與汪汪系列角色時的實戰參考資料。

至於我的銀飾創作部分呢？隨著經驗越來越豐富，我製作一樣飾品的時間也越來越快，對於甚麼樣式比較能抓住客戶的目光

也越來越能掌握。因為消費群屬於年輕女孩，所以舉凡花草小動物，或是一些簡單可愛的造型，配上幾顆進口的珠珠，就能滿足她們愛美的心。有時一天賣出幾十樣作品，項鍊、戒指、耳環、擺飾琳瑯滿目，我光是要不斷做出新飾品就常ㄠ銀線ㄠ到手指痛。現在，我的右手食指腹上還留著當時因為壓銀線而產生的凹痕呢！

汪 汪 喵 喵 角 色 介 紹

獵狐梗

愛散步的獵狐梗
緊咬著束縛的繩索說
我願意
不論如何　牽著我一起走吧
因為散步是一件美好的事
小莎莉

告別上班生涯專心創業

　　開了這家小專櫃的同時，我白天還在不食人間煙火的畫廊上班，在畫廊約一年多的時間裡，前三個月是思考期，一邊熟悉新工作一邊思索著自己人生的方向。之後，我開始到士林夜市擺攤，六個月後我到天母創業，沒多久，我晚上擺攤二個小時的收入就至少有兩三千元之譜，而我白天的薪水一天不到一千元。

　　白天上班晚上跑攤的日子，雖然外人感覺辛苦，但我的內心卻充滿了往理想前進的充實感。一下班之後，就去補貨、跑攤。頂了天母的攤位之後，不用再四處跑攤，但因為路程較遠，剛開始時常要搭一個多小時左右的公車才會到天母，後來才有了一台三千元的二手機車，加上補貨的時間，有時到攤位時大約已經七點半，匆忙用完晚餐，就開始忙碌的生意，收攤的時間大約是十點多，一天工作超過十二個小時。

　　好奇的畫廊同事跟著我去看我的小攤，才知道下了班的我有另一個世界，有點驚奇地問我：「與工作環境優雅的白天比較，這樣工作不是很累嗎？」不過，對我來說，拼命三娘的個性，或許來自於從小常打工，又可賺錢又可做自己喜歡的事，就算每天跑三攤也感到精力充沛。久而久之，養成我想要把每段時間用到

「飽」的習慣。從高中時候，我就打工兼上課，有一次，甚至還偷偷跟同學一起去當送報生，天沒亮就要出門，下雨天時送報，人可以溼，報紙卻不能溼，騎腳踏車穿雨衣很辛苦，雨打在臉上，常常很狼狽，但我怕父母擔心，就說是去晨跑健身，直到有一天被住在樓下的外公發現我的腳踏車籃子外有某某報社的報袋掛在上面，家人才知道我半夜起床是外出送報。不過真正讓我辭職的原因，並不是家人反對或辛苦，而是一起送報的同學被性騷擾，為了安全起見才跟著辭去了這個工作，兼差對我而言，好像從小如影隨形，覺得有趣而不辛苦。

就這樣，在天母擺攤半年後，我離開了藝廊，告別了白天朝九晚五的上班族生涯。

其實，選擇那份工作一方面是為了有個穩定收入，讓父母安心；另一方面是因為自己喜歡藝術相關的領域，希望可以結交有相同興趣的朋友。我也因此學到許多寶貴的經驗，只不過工作內容對我而言，實在太缺乏挑戰性，我想當個創意者比介紹創意更有趣，所以縱使我很感謝主管與同事對我的支持，仍然在擺攤事業所賺的錢遠超過正職之後，毅然決然地全心投入自己的理想。

結束了正職、兼職兩邊跑的生活，我擁有更多的時間做自己喜歡的事，早上排一些進修課程，如金工、寶石鑑定……等，下午就出去四處觀察市場、觀察流行趨勢，順便批貨補貨，傍晚開店，一直到晚上結束營業為止，才帶著滿足感回家，每天的生活都既充實又快樂，而攤位的業績也跟著蒸蒸日上。

百元富翁數錢樂

　　還記得當時跳蚤市場入口兩旁的攤位，除了我的攤位之外，還有好幾位年輕人跟我一樣從「兼職出發」做到「專職經營」。其中，有一個二手衣攤位是一對大學侶經營的，他們創業的動機出於偶然，是在一次旅行的過程中看到商機，回來之後就開始進行這個創業實驗。另外，還有一個則是專賣美國風的流行服飾，這些年輕創業小老闆們的商品雖然不是手作，但都具有市場區隔性，也都懂得用選來的商品打扮自己，塑造服搭品牌形象。會到這兒擺攤，也是以用一種輕鬆的態度來交朋友，因此生意都不錯，幾年後，他們也陸續地擁有了自己的專賣店。

　　攤位開張一年之後，母親加入了我們。因為她原先的化妝品批發利潤不如預期，在不堪高租金負擔下結束營業。而我的生意迅速成長，每天忙得團團轉，於是建議她到我攤位一起創業，沒想到原本就不服老的她，到了這兒之後每天跟年輕人在一起，變得越來越有活力了。她每天穿著一條粉紅圍兜，笑臉迎人地做生意，晚上收攤之後，我會開著車走不同的路回家，有時上陽明山看夜景，有時一起去吃宵夜，有時也吆喝其他攤位的小老闆們一起去泡溫泉，每天都開心的不得了。

有一次，因為要換攤位陳設，也剛好進了很多貨，所以收攤之後我們還繼續整貨、佈置攤位，直到清晨兩點多時，房東出外應酬回來，看到我們還在，不禁笑稱是「天母搶錢母女」，要錢不要命！那天我們一直從晚上忙到早上，從黑夜到清晨，居然還陸續有人來逛攤子，有的是夜歸族，有的是早起運動族，所以從一、兩點一直賣到五、六點，媽媽開玩笑說：搞不好在這兒二十四小時營業也可以呢！每天回家路途中，我開車，她算錢，二十分鐘的車程連百元鈔都還沒數完。我說我們母女是「百元富翁」，媽媽每天把粉紅圍兜的口袋裝得飽飽的，那種一起奮鬥、一起享受、數錢數到手酸的日子，一直是我們共有的快樂回憶。

自從我得到媽媽的幫忙，加上練就了一身省錢的工夫，我的人生第二桶金就這樣在忙忙碌碌中達成了。時機成熟了，我開始為下一個事業階段布局，開始準備找點開店，沒多久我就幸運地找到了我的第一家店，晉身下一個階段。

小莎莉擺攤行銷法則

1. **主題行銷**：設定自己的主題簡化突顯
2. **客製化行銷**：為客人量身訂做你的創意
3. **性格角色行銷**：企劃商品性格與文化結合消費族群
4. **開運行銷**：只要與創造愉快與好運結合就能打動人心
5. **實演行銷**：實地表演最能聚眾
6. **品牌識別行銷**：與大家熟悉的品牌結合
7. **移動式行銷**：移動攤位等於拓展客源

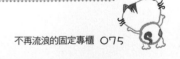

第四章
小櫃再轉型店家

小櫃如何進昇店面？店面省錢裝潢DIY有甚麼方法？
員工如何挑選？如何創意自己的商品？
「抓住機會，必須具備膽量和眼力，
當它出現眼前，就要緊緊抓牢，乘風而起……」

用全部財產再賭一個夢想

　　每天數錢數到手酸的快樂櫃位時期，自從有了母親的幫忙，進帳也與日俱增，但我心中無形的責任感也越來越強。過沒多久我阿姨的店也經營不善，為了略盡棉薄之力，於是邀請阿姨加入櫃位陣容。雖然那時營收不錯，川流不息的客人，常把櫃位「團團包圍」，有時三個人看一個小櫃還忙得不可開交，但有了長輩的協助，看到這個櫃位收入所承擔的責任越來越大，讓我開始積極思考如何讓自己的生意延伸擴大的問題。另一方面，對我這種閒不下來的人來說，當有人可以取代自己的工作時，就開始覺得應該要向外發展、另闢戰場了。於是，我開始找尋店面，希望擁有一個更大的圓夢空間，可以自由揮灑創意，為自己的品牌之路開一扇窗，因為天母的一攤小櫃，我已存下了窮光蛋的第二桶金，人生第一個一百萬。

　　再開一家店應該選擇哪兒呢？本來考慮到既有的客群，自己也很習慣原來在天母的環境，所以想在攤位附近物色目標，但找了好幾個月，一直沒有很合適的機會。直到一位同學來找我聊工作，才在閒談間提到有一間位於捷運站前方的店要頂讓，一聽到這個地點，我直覺地感到是個有人潮的好機會，但理智上仍要實

際觀察整個環境，並考慮租金問題才能決定。於是，一向「抓住機會馬上辦」的我，隔天下午一個人找了個空檔，到捷運站前探勘商機。只花了兩個小時後，看到一波又一波的人潮川流不息，心動不已的我就走進了那家店詢問，並當機立斷跟店主人簽下了合約，頂下了那家店。

　　而就在我剛簽完約走出那家店的大門，走進了一對夫妻，不可思議的說，怎麼這麼快，前一天他們看好，今天決定帶著現金來頂店，竟然被捷足先登，這件事更讓我應證了有機會就是要快的鐵律。而我也再度賭上超過一半的財產「六十萬」做為頂讓金，剩下的四十萬積蓄則預計用於裝潢費與進貨費。

　　為何兩個小時就可以讓我再賭上所有財產開一家店呢？因為我一向認為只有黃金地段才能為你創造黃金商機，如果擁有了一個好地段，生意卻不好，那麼問題一定是出在自己身上。而那家店就位於捷運出口的右前方，所有乘客一出捷運站口就會自然地往右方的商店街看，所以它正是可以迎財神的好地段商店。而且我去觀察的時間點正是下午四、五點學生放學的時間，數了一下附近除了國中和小學之外，還有大專院校，共七、八間學校的消費群，潛力可觀！放學人潮之後接著是下班人潮、逛街人潮，當天就連計數器都很難得數得清呢！我深信與其租便宜的、沒人潮的店，不如租貴一點但人潮多的店。

　　所以，若要說一炮而紅的成功法則第一條，那就是「**要選就一定要選最好的位置，人潮即是錢潮。**」黃金商店是可遇不可求的，既然有了機會，就算冒點險也一定要把它牢牢抓住，不然

機會稍縱即逝，等它跑了要再追可就難了。當然，黃金地段的租金一定比較貴，但「給自己壓力就是前進的動力」，而且帶來的經濟效益，也必然比一般地點相對較高，若經營得當，影響所及在未來以量制價的條件下，進貨也更加順暢，種種可能都與生意效益息息相關。

另外，還有自己夢想中的店的調性，整個環境的氛圍也要符合日後商品的屬性，而捷運出口區域各層級消費者都有，商品調性調整容易，腹地寬廣的前門容易留住來客，都是符合好店的期待。只是沒想到，我的第一家店就在這樣沒有裝潢班底，也沒有人商量的狀況下租下來了。

汪汪喵喵角色介紹

史奴比

史奴比是小莎莉和媽媽開著MINI車時
在一條小路間差點撞到的一條狗
牠像個流浪漢般　白色的毛打了多結
不過我跟牠的跳蚤奮戰一天
牠變成一隻可愛的馬爾濟斯犬
天天跟著我進出店裡
開心地跑來跑去

搶眼裝潢吸引人潮

　　頂下了捷運店面，我仍然將它命名為「銀寶兒」，只不過這家店的定位和天母的手作小攤銀寶兒完全不同，我決定暫時放下了手作商品，讓新店成為角色商品的流行聯合國！

　　那天下午，當我坐在捷運站前觀察人潮時，我的腦海中就已經約略浮現了我店中商品的圖像。由於這一區是以學生族群為主的消費群，而每天上下班、約會、出遊會經過這裡的客群，分佈在各個年齡層，他們都是店裡潛在的消費群，這跟天母小攤的客群來自外地多並不相同。觀察他們的衣服款式或是飾品、用品，所需要的商品是可以跟上潮流且汰換性較低的，設計則以可愛、符合學生需求為主軸。因此，我構思以天母試賣成功的日系流行角色商品系列作為新店面的商品取向，Hellokitty櫃、趴趴熊櫃、聖誕夜驚魂櫃、睡睡貓櫃……等將每個流行角色的相關品項收集齊全，成立個別專櫃，再陸續開發新商品，這家店便能成為一個日系角色商品的夢想空間，我的店也會從銀寶兒變成了尋寶兒，吸引更多尋寶客。

　　主意既定，就開始著手打造心中的夢想空間。嘿嘿！還記得那個騎著摩托車汗流浹背載木板的OL嗎？沒錯，這家小店的裝

潢工程，我仍然自己包了，跟上一家小攤不同的是，我還號召了一些好友來幫我漆油漆，當一下搬運臨時工，大家說說笑笑的，一點也不覺得DIY是件辛苦的事，反而像是一種創作遊戲。由於原本的原木裝潢很堅固，我決定不再更動，而節省成本的妙方就是運用色彩，只把整家店原裝重新漆上粉紅和粉紫的螢光油漆，地上原有的一般磁磚鋪上了有手作感的水泥加馬賽克，再訂作「銀寶兒」三個字的招牌掛至門頂，就完成了，繽紛色彩造就了驚人的效果。整家店的夢幻感吸引了許多來往門前的行人停下腳步，發出「哇！」「好特別喔！」的驚嘆聲。尤其是當我把招牌加上大大小小的粉紅、粉紫壓克力球鑲成的「泡泡」後，晚上燈光一打，停在門口探頭的人就更多了！

▲滿滿的流行商品，進來的客人都不想離開，沒進來的客人常常是因為擠不進來。

▲沒錯！沒錢裝潢，就把最美、最亮的顏色漆上去就對了！吸睛指數在捷運站前各店家中稱霸。

談到色彩、招牌與燈光，這裡面可是有點小心機的，因為一般商店多以白色或淡色系為主，很少人會用這麼「螢光粉」的顏色作為主色，用不好會像路邊檳榔攤，但我屏除一般商店的原則，擁有自己的店，就是照自己的感覺營造心中的夢幻感，加入粉紫、淡藍及流行元素去除俗味，結果反而在一整排商店中顯得突出。而決定用這些色系之前，也打量了兩旁的商店招牌，有灰、黑、藍色，還有最顯眼的紅色！當時，我就下了這樣的決定：「小人物想出頭，一定要比誰都顯眼才會被注意。」那要如何把其他色蓋住呢？答案就只有螢光色，比其他色更亮、更閃就對了。至於招牌呢？既然要與眾不同，就一定要加點花樣，讓人印象深刻才行。所以，我自己一家一家到塑膠行找材料，終於看到可以透光的壓克力球，剛好有粉色系搭配我的主色，雖然部分耗材有點貴，但它能符合我的期待又能創造強烈的視覺，當然就忍痛買下了。直到現在，都還會有那時期的客人在經過店門前（後來改為專賣店）時說：「啊？那家夢幻商店不見了喔！還記得它門前的招牌有會發光的泡泡呢！好夢幻喔⋯⋯真懷念!」

　　「超夢幻設計」這樣就行了嗎？當然不囉！我站在門口看著整個店面的空間，發現斜屋頂的牆面空空的，有些單調，想到這裡是車站，應該做個應景的裝飾，於是把一個舊時鐘拆了，DIY了一個合乎店內調性的創意鐘，讓每個行人都能站在我的門口看時間，增加停駐率，並在門檻前的地板上用磁磚拼出welcome字樣，旁邊配上各式各樣用磁磚構成的「八」，暗藏的決心一定要讓自己的店「發」「發」「發」！這就是我的心機裝潢。

小莎莉尋找黃金店面4大鐵則

一、尋找一個金店面，首重人潮，有人潮的地方才有錢潮，這是鐵律。

二、店面大小是否為你需要的？店面太大，成本太高；店面太小，商品不足，利潤也有限。

三、是否有潛在客群？例如附近有學校、辦公大樓，不管是學生族或上班族傳播力都很強，只要抓住了客戶的口碑，就不怕沒錢賺。

四、想租夜市中店面前的攤位，是以門口柱子數算租金的，就算被開了罰單，房東也不負責。租店面的話最容易上當的就是合約最後一條，房東要你支付租金10%的房屋稅，這樣五萬元的租金就變成五萬元五千元了。所以租用之前一定要問清楚權利與責任，並精算附加成本與收益比才划得來。

▲每三分鐘就看見一批錢潮出站。

▲這就是讓我立即花了一百萬開一家店的人潮。

開張前就有客人想衝進來

　　「夢幻銀寶兒」總坪數約十三坪，分為兩大部份，前方十坪作為精品店之用，後面三坪用布幔隔起當作辦公室。所有的展示櫃共有十櫃，櫃面都重新上了螢光粉的新漆，每一櫃展示一個流行角色的系列商品，配合相關的說明牌與POP，等於是把每個角色每個主題櫃當成一個品牌來經營、佈置與展示，這種方式在那時可說是開風氣之先。因為一般的進口精品店大多沒有主題分

▲入口處順理成章放上招財貓，向大家招手的可愛表情吸引顧客上門。

▲隨處可見的貓狗蹤影，加強顧客的購買氣氛。　▲出口處的招財貓，像極了滿載而歸的客人們。

類，有些像流行精品的雜貨店；承襲了當時剛剛興起的日系角色人物風，更顯出這家店的特別之處。

　　隨著一周的完工日越近，駐足門口詢問何時開店的客人也就越多，有時，甚至我已經用線圍在門口，貼上尚未開張的字條，仍有客人一直要衝進來看。直到開店的那一天，我急著要把所有的商品陳列好，趕在學生下課前開門，沒想到門外已經圍了好幾個人等著我拉開鐵門。門外一直催著：「好了沒？好了沒？」我一直回著：「等一下！等一下！不好意思，再等一下！」

　　鐵門一開，好幾個客人幾乎是用衝的速度進門，到處摸、到處看，「好可愛喔！」「好漂亮喔！」的讚嘆聲不斷，當我看到客人一張張的笑臉，心裡充溢著無法形容的感動與滿足感。還記得那是個星期五的下午，過沒多久，學生放學的人潮擁入，一波波入門的客人讓原本有些忐忑的心吃下定心丸，爆滿的人潮湧進小小的店面，晚上結算，第一天的營業額共九千二百多元，第二次賭上全部財產的夢想，終於有了清晰的未來。因為，以第一天的成績就可以推算出來未來的月營業額，保守估計，如果每日營

▲各式各樣的貓商品是店裡招客台柱。

業額是一萬元，一個月就有三十萬，扣掉當時的低廉租金五萬元仍有利潤，當時我所投下的資本，約略半年就百萬回本了，對一個曾經是近貧上班族而言的我，又挑戰成功了另一個階梯。

我開店吸引客人的要訣，還有一個關鍵點，那就是一個佔了門面三分之二寬的「櫥窗」，我運用之前曾經當過櫥窗設計師的經驗，把這裡當成創作的展場，每次以一個專櫃的角色人物作為設計主題，搭配不同色系的布幔、燈光，二個星期換一次，隨時調整擺設細節，形成一個強力的視覺焦點。由於店內有十個專櫃，當十個角色輪流完的時候，也通常有新的角色上市了，占店面口三分之二的櫥窗展示成了這家店流行的縮影，常常吸引路過的人駐足進門。

不過，初期的商品陳列有個考驗，那就是原本頂讓時，原店所留下的貨還有一些非流行性的玩偶，跟銀寶兒的商品調性完全不同，到底該怎麼將它們混在銀寶兒各主題商品中呢？如果集中在一起的話，整個風格太突兀了，會跟店內的主調形成衝突，因此，我將這些以寫實風格為主的玩偶先收到倉庫中，一次挑十分之一出來，想辦法混在各個專櫃中陳列，以減弱它的調性並維持原價銷售，約兩三個月的時間，它們也就漸漸地銷售一空了，這樣分散滯銷品，就是我至今維持零庫存並保有利潤的最大原因。

　　為什麼不把這些貨品在開店時就以特賣的型態一次銷完呢？秘訣就是靠高超的陳列手段讓滯銷品分散而自動消失。因為根據我的經驗，若是商品無法吸引客人的眼光，那麼就算再便宜也很難銷售出去。那麼，與其把它們隨便堆在特賣區像垃圾一樣乏人問津、虧本賣出，還不如好好地陳列出商品的質感，讓它打動消費者的心，商品的價值有時取決於賣者對它的堅持與認同，如果自己都覺得商品沒價值，那更不可能介紹給客人，這就是為甚麼現在如果有其中一件商品不符合員工的喜好，我就會希望員工試著和這件商品培養感情，自我催眠才能衷心推薦商品。

　　士林這家店的生意越來越好，每天下課時間水洩不通，營業時間從早上十點到晚上十點，我從一開始就請了工讀生看店，也開始用收銀機算帳，從此一階段，**我不再是憑著直覺與經驗做生意的人了，**開始學習用精確的數據分析銷售成果、管控進貨成**本，**也因為有了這樣的經營轉變，日後我才能夠「看」出「貓」主題商品的商機，讓事業再次成功的拓展到下一個階段。

疑人不用、用人不疑

　　「銀寶兒」士林店開張後，最令我開心的，除了看到客人的笑臉之外，就是「我終於可以不被店綁住，就可以讓店自動幫我賺錢了！」一想到此，每天都開心地歡呼！這時我才有一種真正擺脫上班打卡的成就感，我想這應該是很多開店老闆不易克服的一關吧！

　　從士林店計畫之初，我就設定要用工讀生看店，一天兩班制。天母小櫃有母親幫忙，而我則負責進貨、銷售策略、櫥窗展示、管理、員工教育和其他大大小小的雜事。每天從早忙到晚，雖然不再像天母時期那麼悠閒，但眼見自創品牌的夢想一步步實現，整個人就充滿了鬥志與活力。於是，我不再是老闆兼店員了，角色與工作方式也要有所改變，尤其是要調整「凡事自己來」的個性，開始學著如何扮演老闆的角色、如何挑選員工。照理說有了員工，就應該有一套管理法則，不過，我一開始卻是以近乎放手的方式將整家店交給精心篩選出來的員工。還記得有個員工不但是第一天到銀寶兒上班，也是第一次出外打工，當我將工作內容交待完畢之後，準備出門批貨，她瞪大了眼對我說：「啊！老闆，妳才教我兩個小時就要走了喔！」我笑著跟她說：

「放心，等一下妳自然就會了，我相信你。」後來，她也真的如我的期望，一開始雖然有些膽怯但也表現得很好。

　　早期對員工的管理，我認為只要挑選喜歡我店面風格的人就對了，信任對方，讓他們自由發揮，教育訓練的方式就只是大約介紹商品的名稱與特色而已。因為是店內是以學生群消費者為主，所以不用太僵化的介紹詞，就用學生（工讀生）的眼光去介紹就好，反而能引起學生客群的共鳴。而店內的POP，也針對這種銷售特質，讓它像學校的海報或紙條一樣，讓工讀生們自由發揮；員工自動自發當然很好，但是當老闆可別以為這樣就什麼都不必管了。

　　開店初期，很幸運地讓我擁有一群自動自發、有責任感的員工，我跟員工們就像家人一樣相處，工作之餘一起去聚餐，周末夜就群聚出遊。雖然也曾經因為過分信任員工，而發生員工監守自盜的傷心事，但回頭想想，他們畢竟是剛出社會的新鮮人，需要人教導，是否只是因為「一時好奇」或是「東西太可愛了，只想到自己想要，忍不住一時的好奇」呢？我也把歷年來的種種經驗，當作自己未來管理的借鏡。我相信人性本善，以前覺得禁止賣場人員攜帶私人大包包似乎不人道，所以控管鬆散，失竊率也高。也曾經因為看錯人，誤用了有偷竊習慣的工讀生，進而帶壞了經不起誘惑的新進員工而損失慘重。和一個開店的朋友聊天，才知道他們都有自派偵查員做測試或觀察店況，就是叫眾家密友去購買自家商品，再看員工有沒有報帳，聽起來像不信任員工，其實真的就因為這樣抓到很多員工沒報帳，像這樣被發現的員

工，當然不能任用。以前我請員工捆零錢，大把大把的一盒散錢像沒有算過的樣子交出去，結果送回來的時候50元的銅板全不見了；當然他也被開除了。在賣場上，我們商品上貨的時候把商品用套繩捆起來，上貨數量其實都數過，到貨沒幾天，每個都少一個，但是套繩只能用剪刀剪，客人自備剪刀的機率極低，交叉比對，小偷就現形了。還有種種員工運用貴賓資料，私下做直銷、保險……等等，不勝枚數，層出不窮。

員工和老闆之間是一個同陣線的團隊，如果無法把相處、猜忌的話說出來，是很浪費時間的事。無論如何，面對面講明白是最好的，目標一致才能合作。大家聽了可能說，你把它都說出來，那以後怎麼測驗？其實我不擔心抓不到問題，因為寧可開誠佈公告訴員工，光明正大說我們管理就是會不定時這樣做，在還沒犯錯之前就防止，不要受誘惑就對了！所以不希望重蹈覆轍，就要漸漸修正自己的管理方式，要信任而不放任，而信任是建立在管理的基礎上。現在每次一有難題，我就會先不斷檢討、警惕並縝密地修正自己的管理不周，看看是否是因為自己的控管鬆散，反而引誘別人犯罪呢?而有不易管理的員工，也可以當成是制度縝密的檢驗，這一種良性的反向思考：面對不好管理的員工問題，若能一直動腦，當一個時時等待解決難題的人，就能不斷挑戰自己的完美極限，樂趣無窮！

小莎莉挑選員工經驗8個小秘訣

　　或許是店內的商品太吸引人，所以很幸運的，每次一貼出徵人啟示就會收到不少的履歷表，所以我能夠從中精選出值得信任的人，成為一種良性的循環。但如何為公司挑出好的服務員呢？我提供幾個秘訣：

一、一定要喜歡店內的商品。喜歡商品才能對工作有熱情，
　　也才能為客戶展示出商品的特點。

二、細心的人可以減少公司耗損。不管是算帳、點貨或看
　　店，少了細心，就多了損失。為了看出對方的細心程
　　度，我還特設計履歷表，在問題上埋下文字陷阱，若是
　　不細心的話，就會忽略了表上的提示填錯資料，這種方
　　法考驗細心程度非常神準，大家可以參考。

三、道德觀良好，公司問題少。這一點最難在面談時判斷，
　　不過可以聽聽對方上一個工作的離職原因，這是很好的
　　線索來源，聽聽應徵者的抱怨就可以了解他的道德觀。

四、有熱情的人會招財。對周遭的事充滿熱情的人，眼神發
　　光發熱，帶給人歡樂與希望，有助於正面的能量，使人
　　容易接近，經過訓練，招財機會就相對多一點。

五、員工到公司交通方便。常常聽一句找工作的名言：「錢
　　多、事少、離家近」，錢多事少可能不保證，但離家近
　　這一點我們當雇主的一定做得到，因為員工的離家近就
　　是交通方便，幾乎常常聽到很多人離職原因都是調到遠
　　的地方，員工交通不便會造成安定性不佳。

六、組成價值觀相似的團隊。應徵時還有另一個與眾不同的

祕訣，就是把舊有員工當成我的最佳評分員，第一次面談交給舊員工觀察應徵者填單的態度及提出的問題，參考舊有員工的評語，大部分應徵者都能在完全沒有準備下獲得最真實的評分。畢竟錄用之後，員工們必須長期相處與合作，若新進員工跟舊有員工無法相互尊重或價值觀不同的話，會產生很多後續問題。

七、正職人員會比工讀生專業。找工讀生優點是在剛創業或臨時用時，一方面節省成本，另一方面符合年輕的商品客群，缺點是流動率高、忠誠度不足。正式的服務員比起工讀生更有面對職場的準備，值得長期培育及教育訓練。建議用正職人員會比工讀生好，因為通常畢業後直接留在同一個工作崗位的工讀生少之又少，所謂滾石不生苔，辛苦訓練也是資源，任用穩定性高的正職人員，才能安定公司人事。

八、能獨立思考的人才能解決客戶難題。有的人找工作要擔心家人同不同意，上班時間要問男友可不可以，公私不分、考慮過多、猶豫不前、一有困擾就會打退堂鼓，相對的，遇到客人的有問題時，常常無法獨立面對。

總之，應徵時要找對人而不是找能人。我會在試用期設計一些題目，測試對方的合適性，而不是抱著懷疑的心和員工相處。對的人往往經得起考驗，自然就能帶來安定的人事狀態，所謂疑人不用、用人要能不疑，把要不疑這部分當成基本責任，才能聚集愈來愈多好的磁場及好的人，把人事管理當成公司的使命，不以個人好惡判斷，對的商品加上好的團隊，店面經營不旺也難。

商機藏在創意思考裡

　　一家店的房租並不會因為天雨或天晴而減免租金，有的人經營店面，想開就開想關就關，這是經營的大忌。我從天母小櫃做起，就堅持天天開張不論晴雨。除了房租的壓力之外，我認為開一家店是對客人負責，是給顧客一個長遠的承諾。就算是下雨天自然也有解套的辦法，就算**再簡單的商品，想要順利行銷，就要靈活運用人、事、時、地、物的變換，來創意無限商機。**

　　以人為例，逛流行精品店的顧客以女性為主，但店內賣的商品可不能只以女性為絕對考量。因為女性顧客會有送禮需求，有時送家人、有時送男友，尤其是學生與年輕族群都有情侶裝、愛情商品的需求。因此，在主軸商品外搭配一些男性包包與服飾配件也是一種貼心行銷法。還有當情侶逛街時，常會看到女友逛得開心、男

▲無論晴雨，貓貓狗狗的晴雨兩用傘隨時準備好，等待顧客上門。

友卻等得無聊的情景，於是我特地準備了一些男性顧客也有興趣的情侶T恤、隨身包包或較酷的流行角色商品，讓他們在陪伴女友之餘也有些小樂趣，我的員工訓練是，當他們對這家店的商品產生了印象，改天他們要送女友禮物時自然就會想到這裡，很容

易完全接受我們服務優良的店員建議，也會成為絕佳的好客戶。

　　有時，只是多一些貼心小秘訣，就可以創造很大的商機。曾經看過一家平價服飾店開在巷子內，雖然地點不好但顧客卻不少，剛開始很疑惑他們的經營秘訣是什麼？後來才發現，店門前的兩張公園椅幫他們做了最好的行銷。因為那家店附近就是公園，每天都會有老人家到公園運動散步，看到這家店前有椅子自然就會走過來休息，而椅子前的櫥窗就擺著中老年服飾的特賣商品，加上大字體的特價海報，自然勾起了購買慾。而每天經過的店只要商品不錯，很輕易地就能經營出穩定的顧客群了。由此可知，一個小小的椅子，因為貼心可以發揮出多大的效益了！

　　以時間為例，根據顧客的需求發展出「多元化」或「機動式」的產品服務，也是一種貼心行銷法。例如雨天在門口賣傘，冬天賣手套與圍巾等，都可以創造利潤。尤其是商品季節性較強的攤位或店家，就一定要這樣搭配才能減少高租金的損失。

　　有的店夏天賣冰，冬天賣熱仙草；夏天賣洋傘，冬天賣手套等；我的員工訓練是天氣溫度不同時，服飾的陳列也要立即調整，如果溫度高就把背心、小可愛放前面；如果突然變天，就把外套、長衣放前面，順應變化多端的天氣賣商品的確有效。我在捷運高租金的店面還看到許多現象：有的店是三五好友一起合租，早上賣早餐，下午賣炸雞，檯子製作移動式的一家店，可以有四攤輪班，真是聰明。所以我也把自己的店門口重新規畫，不開店的早餐時間可以出租，協助創業的小攤，一舉兩得。

　　以地點為例，店開在醫院附近就賣口罩商品，店開在學校附

近就開拓文具商品。像我店開在捷運站，就販賣票夾商品，有觀光客可以賣旅行腰包，有採購族也可賣環保購物包商品，我的員工訓練是多多收集客戶情報，每日回報最新資訊，隨時應變。

以商品為例，對於顧客，也要多些貼心陳列，滿足顧客逛街時的需求。有的店怕小朋友把東西弄髒把商品放高，或客人碰一下，服務員就急著放回原位，這樣的店都是錯誤的示範。我訓練員工把商品放在顧客手拿得到的地方，像導覽一樣地解說，詢問客人的滿意度，客人走了再重新陳列，這都是基本禮貌。有的商店怕弄髒東西，主張把東西包起來，而我認為東西一定要讓客人觸摸才會買，小孩的商品要放小孩看得到的區域、新到貨放櫥窗、暢銷品放在視平線位置、需要解說的商品放櫃檯附近、拿不到的商品服務員要迅速服務、如果是賣飲料就親手端給客人免費試喝、食物就給客人試吃，才能增強購買慾。此外，選擇進貨商品時，就可挑選又軟又舒服的對味材質來加分。

小莎莉多元化小店行銷的思考題

一、你的商品白天與晚上營業項目的搭配有甚麼？

二、你的商品四季不同營業項目的搭配有甚麼？

三、你的商品晴天和雨天營業項目的搭配有甚麼？

四、找出多種符合店面風格的商品搭配組合，可以讓你的店賺錢又不失氣氛。

第五章
流行店轉型專賣店

專賣店如何成形？專賣主題如何誕生的？
設專櫃的利潤優劣是甚麼？
「輕鬆做夢，用力圓夢！努力賺錢，用力投資 ！
勇敢追求就是不留遺憾的創業第一步。」

大膽向國外取經

　　有了媽媽和員工作後盾，我開始想要走向國外，一方面希望從貨源處取得更多具市場區隔性的潛力商品，並藉由自己批貨降低成本；一方面藉希望由多看展、多觀察市場，來累積自己的流行敏銳度。

　　但是問題來了，我之前都是向國內廠商批貨，對日本廠商完全不熟，該如何自己批貨呢？解決之道，首先就是先看商品吊牌查詢商品廠商資料，不管想做甚麼行業，一定有相關資訊，尤其現在網路發達，鎖定目標一定可以找到別人沒有的東西。「路，是人走出來的」只要發揮地毯式搜索的精神，一定可以找到目標廠商的。姐姐友人知道我的計畫之後，覺得出門在外還是需要有在地熟人幫忙比較安全，所以推薦她在日本念書的同學協助我。後來，這位同學教我很多當地人的交易規則，成為我重要的夥伴，給予我很多協助，是我人生另一個貴人，所以多認識外國朋友也是找到更多特別商品的捷徑之一。

　　初到日本，我先從參觀各種相關商品展開始，禮品展、骨董玩具展、寵物展、手作創意展、主題展等等，因為展覽中常常一次匯集幾百家廠商，可以看到最新流行趨勢，更能迅速認識廠

商。如果看到有興趣的商品，也可進一步與廠商洽談，參展是切探市場最方便、有效的管道。我用這個方法發現了許多目標廠商，認識了不少角色商品的創作者，除此之外，後來我的作品還反過來得到參展商的青睞，協助我在東京展出作品，從買東西變賣東西，從進貨變出貨，也是我意外的收穫。

很多國外的市集，是取經的好地方，像韓國的南大門、泰國的jaduja都是其中翹楚，有很多二手衣，還有手創品，這樣的市集值得看看，或許可以找出更多靈感。

小莎莉出國探路停看聽

不管要經銷那一國的商品，最好一定要懂該國的商用語言，並了解不同的商業文化。尤其是日本，要打動他們的心，最好學會他們的語言。

發現商機的首要條件，就是主動，看展覽與逛街甚或旅遊時隨身攜帶名片，適時自我介紹，創造機會。

精算管理發現喵喵商機

　　走出國外，讓我擁有比別人更多的商品資源，各種流行角色的系列產品比別人完整，而且也開發了一些市場上沒有的新商品，齊全加創新使我逐漸拉大了與其他日系精品店的市場區隔度，奠定競爭優勢。另外，我也開始從直覺式的感性經營，進入理性的數字分析階段，學習從每日的營業額與各類商品銷售狀況「看」出商機所在。

　　由於收銀機可以將商品分類編號，所以從每日的報表就可以看出那類商品銷售較佳。銷售不佳的商品若經過調整實驗後仍無法成長，就將它慢慢淘汰、減少進貨；而銷售佳與持續成長的類別就增加進貨量，並以其特色作為新商品的進貨參考。漸漸地，我發現只要主題是「貓」的角色商品，在我店裡都是銷售的前幾名，狗的角色商品則緊跟在後。於是，從小就愛貓狗的我，開始增加以貓和狗為主題的商品，而去日本參觀展覽和探訪廠商所蒐集的貓狗主題資料，就派上了用場。

　　我也在各種場合中探索市場趨勢，包括和批貨商新貨趨勢、日本商店銷售趨勢的觀察，都發現我鎖定的貓商品，真的很受歡迎。日本日暮里甚至有一整條貓街，專賣以貓為主角的商品叫

「貓町」。

　　市場上相關書籍也是一個重要線索，除了英國，這世界上最愛貓的民族就屬日本，我曾經看見路上一隻流浪小貓，被一群日本人圍觀餵食，而且圍觀的人群久久不散。在日本隨處可見的貓蹤，令我對「貓」的吸引力刮目相看，相關的攝影書、繪本等多得數不清。日本人對商品的深入度與細緻化更令我印象深刻。例如有一個攝影師，專拍貓的舌頭，就出了一本書；還有人專拍貓蹼、貓耳朵；各種奇奇怪怪、令人意想不到的細部主題都可以

▲走完佈滿綠衣的階梯就會看見貓作家的藝廊。

成為一本書，這更使我萌發了開一家「貓主題商店」的想法。大家也可以試著蒐集自己的喜好，其實我在日本還看到了青蛙商品專賣店、金魚商品專賣店、鬼怪商品專賣店，都讓人驚呼連連。

　　有了主題後，還要有風格，當然不是甚麼貓都好，一家好的專賣店還是要有自己的專賣風格，才能異軍突起，並培養去蕪存菁的能力。例如我個人比較偏好優雅、古樸的貓商品，除了嚴格篩選適當的貓系列，我也加緊腳步開發自創貓的相關商品。直接出國選取的商品方法很多，以我們為例，諸如參觀日本的貓展，並上網查詢相關的店家和畫家資料，並主動寫拜訪信，到他們的公司和工作室參觀，逐步取得他們的信任，與他們交易並甚至成為好朋友。

其中，也不乏非常熱情貓作家，不但帶我到他工作室參觀，跟我聊創作心得，後來我開幕後，還特意到台灣來我店裡參觀，並買了我的作品，令我相當感動。

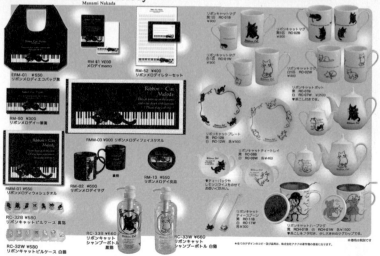

▲優雅的黑貓與白貓相關產品。
▼日本貓插畫家仲田愛美的相關產品。

▲日本貓插畫家高原鐵男的相關產品。古樸而幽默，是屬於男性也愛收藏的品牌。

在日本還有其他貓狗的創作者，用皮雕的方式創作，銀黏土、紙黏土、羊毛氈、摺紙、琉璃……等不同質材，創作同一主題。「貓町」那邊也有很多陶土招財貓的手創者，同樣都是招財貓，但每個人做出來的貓造型卻都不一樣。這些讓我看得眼光撩亂的貓手作商品，再次讓我確定開一家主題商店絕對沒問題。

有了想法、貨源，以及顧客支持和市場潛力，那麼……店在那裡呢？同樣的展業問題再次出現。這次，我不再到處詢問那裡有店要頂讓，而是向隔壁的一家通訊行老闆「預訂機會」。那時，我的第一家店已經開了半年左右，我跟隔壁的商家都保持友好關係，而這家通訊行的老闆跟我特別談得來，我瞭解他的經營情況並不好，所以當我已經確定要開貓主題店之後，就趁一次閒聊的機會，跟他預訂店約，如果他那天想要收攤，希望可以先把機會留給我，我可以花錢將它頂讓下來。

過沒多久，我真的得到了這個機會，也順利的用頂讓金得到了第二家黃金地段的商店，我人生最重要的轉捩點「喵喵館」就誕生了！

洽談代銷商品有訣竅

緊臨著多采多姿的流行銀寶兒，喵喵館的誕生可說十分順利，黑色櫥窗配合貓的可愛神秘感，牆壁設計輕柔的淡綠底色，空氣中配上適當的喵音樂商品可說「喵」感十足，一開張就獲得顧客的高度肯定，彷彿這個主題店他們已經期待很久了，且整家店多樣又豐富的貓商品更讓他們愛不釋手。連工作人員只要跟朋友或同學說，他們在喵喵館上班，都會得到「哇！真的好幸福喔！」的羨慕聲。而那些讓他們產生幸福感的貓商品，就是我行腳天下與絞盡腦汁「挖」出來的寶。

照理說，一家剛開張的小精品店，是很難直接由源頭取得商品的，若沒有一定的進貨量，除了划不來，也很難談條件。然而，對於「量」，我可是一點都不擔心，因為當時從第一家店的營業成績分析，「喵喵館」的來客數絕對不成問題，且潛力市場也已經從第一家店的統計報表中，得知第二家店可能消費的數目有多少，所以這是一個精算後的穩賺生意。比較需要用心的，倒是如何與在同一條街的第一家店區分、鞏固商品取得日本商家與貓創作者的信任、取得各作家商品代銷……等工作，當然這些招商過程簡單說就是，先準備、後篩選、再洽談。

以我的經驗，對日本人來說，一個來自國外的陌生商家很難取得他們的信任，所以一定要具備溝通的日文能力，以及堅決的誠意，才能打動他們的心。然而，我發現只要能夠打進他們圈子中的一家廠商，就能連帶取信其他廠商。反之，若是不小心那天讓某個廠商失去了信任，那麼連帶的效應也可想而知了。

雖然我在日本已經有了工作夥伴，但為了要更直接跟廠商和創作家溝通，在銀

▲喵感十足的喵喵館。三月時裝飾的粉色櫻花，商品換季陳列風格及細節也要給顧客煥然一新的感受。

寶兒剛開張後不久，積極地進修日語。加上之前到日本搜集到的各方廠商、畫家、手工創作者資料，管道都已鋪好，就缺臨門一腳，必須準備企畫書與最大的誠意打動他們。

於是，我準備了店家的基本介紹，並寫了詳細的銷售計劃，告訴對方的大綱如下：

一、喜愛該商品的原因。

二、目前店內的營業項目及成績。

三、有何能力可以銷售他們的商品（資本額多少等）。

四、為何有信心可以在台灣銷售（相關的經驗等）。

五、具體的行銷計劃。

　　除了企劃書之外，我也會親手寫信給目標廠商或貓創作家，表達真誠的態度。就算現在是數位時代，親手寫信仍代表了很大的誠意，容易讓對方感到窩心，進而信賴你。

　　再者，就是「不屈不撓」的意志，如果對方一次不肯、二次不肯，也別在意，只要你「不厭其煩」地表達你的決心，執著的行動，這樣的誠意通常會讓許多不可能成為可能。**對於自己的目標「緊咬不放」的精神，讓我從攤商時代到洽談商品一路過關斬將、好運連連！**

賣商品也賣夢想

喵喵館開張後，營業額馬上向上飆升，在店內看到的笑容越來越多，有位大學同學來找我時跟我說：「莎莉，我覺得你好像在做善事喔！」我楞了一下問：「怎麼說？」他給了一個妙答案：「因為進到你店裡的人都在笑啊！」這句話讓我的心震了一下，會心之餘也因此重新看待開店這件事所包含的意義，幫客人圓夢就是利潤所在之處！

美麗的東西總是能讓人感到幸福。有一位客人讓我深切地體會了這個道理，一位幾乎每天傍晚下班時間就準時到店裡報到的老客戶，每次看店裡的東西都會仔細地、開心地端詳，我好奇地問她：「怎麼每天都來？」她表示因為在附近的醫院當護士，每天面對的都是愁苦的面容，工作壓力又大，所以想要先舒緩一下心情再回家，自從發現這家店以後有如發現心靈桃花源一樣，只要看看這些可愛的喵喵，就可以讓心情轉好，而後再帶著愉悅的心情開啟夜晚的下班生活。

其實剛開始想要開店時，只是想盡量把自己想做的事情做好而已，從來沒想過自己的店可以帶給別人心靈上的安慰，後來與客戶互動才慢慢發現，好的商品，可以帶給人許多樂趣，而設

計更能創造一種分享的感覺。我用心打造的店提供了一種現實中無法擁有的夢幻情境，於是成為顧客滿足夢想的心靈花園。喵喵館實在太受歡迎了，我才驚覺我在賣自己的夢想給客人，愛作夢的我做的是一個實際無比的夢，專賣店是賺別人賺不到的錢，而且快樂、自在毫無工作壓力，其實這樣的店我也經常在旅行中遇見。

▲東京日暮里貝殼扣子主題店。
▼JR車站內的沐浴鹽主題專賣店。

▲貓町陶藝主題店。
▼尋找與眾不同的陳列風格，simozima是日系陳列品專賣店之一。

專賣店的員工訓練

　　顧客的笑容讓我領悟到，專賣店要賣的不只是一個商品，而是一份心情，一種幸福感，一個夢想。於是，我將這個領悟轉化為教育訓練守則，告訴員工以說故事、編夢想的方式述說商品，**用商品幫客戶圓夢，收入自然源源不絕。**

　　圓夢訓練第一步，當然是對店內商品的創作故事要有具體的認識，讓客人看商品的時候不只看到外觀造型，也能認識它叫甚麼名字？是哪個畫家創作的？有甚麼個性特色？是否曾當過書或漫畫的主角？

　　圓夢訓練第二步，讓商品與客人的生活情境產生連結，如「你看，這隻貓的眼神就像期盼你回家一樣，如果把牠放在玄關櫃上，每天一進門就看到牠一定覺得很溫暖。」或是「這隻歡喜兔代表對愛情的祝福，只要將牠放在臥房裡可以讓你戀愛更順利喔！」「穿著汪汪喵喵設計的這件棉麻圍裙有溫馨舒適的創作氣氛，就算是做菜也會變成廚房達人！」有時看到客人對某個主角特別愛不釋手，也可以跟對方閒聊，再從對方的感受找出夢想編織點。例如客人說：「我也養過這種狗，可惜牠去世了，希望可以買一樣的玩偶補償。」那你就可以幫客人推薦相關的狗商品，

佈置成一個溫馨的回憶天地，當客人擁有了圓夢的喜悅，你也得到了實質的回饋。

圓夢訓練第三步從實際面來說，千萬別小看了客人的荷包，就算客人只想買一個，你也可以擴大對方的夢想範圍。如「如果多幾隻小狗放在旁邊的話，那就像一個幸福的家庭一樣，多熱鬧！像趴趴熊一樣小的疊大的，非常可愛!」「這組商品是一對，情侶檔放在一起比較不孤單，請不要拆散他們最後兩隻了!」。別擔心被客人拒絕，因為就算推薦不被接受，頂多也回到原本的一件商品需求而已，但如果客人心動了，則可以多賣一件商品，故事又說得更完整，何樂不為？更何況顧客也有可能因為你的創意思維，對生活懷抱甜蜜的期盼，心想事成也是常有的事。

> ## 小莎莉圓夢行銷
>
> 圓客人的夢就是增加價值，銷售商品不應只是零散的推銷行為，而是由客人的動機或興趣作為創意的起點，為客人組織出一個量身打造的夢想情境，當你滿足了客人的夢想，利潤自然隨之而來。

趁勝追擊成立汪汪館

　　當我士林店的生意越來越好，天天門庭若市時，原本的天母創始店銷售量卻開始日漸萎縮，倒不是因為我兩邊跑、疏於照料所導致，而是天母整體市場的蕭條所造成的。

　　由於台北捷運興建完成之後，分散了原本到天母尋寶逛街的人潮，加上其他不同商圈各百貨公司一間一間的開，固定的人潮數量就分得更散了。後來，當地住戶有許多台商、外籍人士都隨著工廠的外移，一起遷居至大陸等地，所以整體的消費市場越來越萎縮。當我觀察到天母攤位的銷售量竟以45度角的曲線下滑，而士林店的業績卻蒸蒸日上，便立即將天母攤位收掉了。後來，天母其他的攤位也漸漸換成了一些日常用品、玉石等非流行性的商品，各攤位的主人相繼異主。昔日在天母與其他攤位的年輕人各自打拼的時光的熱鬧光景，已如雲煙般消逝無蹤。

　　我常會慶幸：「還好，店及時轉換跑道開在這兒；若是依原本的想法開在天母的話，就不可能有喵喵館的誕生了。」然而，當喵喵館開了半年之後，因為業績長紅，也因為報表上的數字讓我知道主題店的必然趨勢，於是愛狗的我，把狗當成下一個可以經營的主題，於是我決定做「貓」和「狗」角色主題店。於是，

▲看得出來和81頁的銀寶兒是同一家店嗎？改裝費沒超過10萬元喔！
汪汪館就這麼輕鬆地在喵喵館右邊誕生了。

　　我把第一家流行商品店改成了汪汪館。揮別了「銀寶兒」的招牌，我真正的抓穩了未來的品牌方向，尋專賣店的模式再創話題「汪汪館」開張了。

　　開了汪汪館及喵喵館主題店之後，在商品採購上變得很輕鬆，因為流行的東西總是源源不絕，主題店只要資料蒐集齊全，產品方向定了之後就可以很穩定，前者求廣度，後者求深度。所以我開始思考品牌的提升：「同樣都是貓的主題店，未來要如何跟別人不一樣？」不論是什麼主題，不論現在或未來，市場上一定有雷同的東西，就好像滿街大腸麵線，為何你獨鍾某一家，台語說：「同樣東西不同師傅。」就是這個道理。

　　不論主題是什麼自己堅持的風格一定不能妥協，效果就會出來，以喵喵館為例，堅持貓作家的商品占的比例要高於一般商品，去除流行性高的HELLOKITTY KIKILALA等亮粉色系列商

品,氣氛自然與眾不同。

　　那「狗與貓的專賣店又該如何不同?」「狗與貓的客群又有何不同?」經歷這麼多客人的接觸,我發現一個很有趣的結論,喜歡貓和狗的客人屬性完全不同,喜歡貓的客人比較感性、陰鬱,不一定要固定品種的貓,很多創作者都愛貓,個性則比較內斂,喜歡的東西都愛收藏,消費力驚人。喜歡狗的客人比較活潑、外向,放假就輕鬆過生活,或許是因為要到戶外溜狗吧!所以他們愛買舒適的衣服,而且通常只買自己養的品種的狗圖案。

　　我對這個發現感到十分有趣,因為自己是貓狗都喜歡。不過重點是做生意就是要因應客人的喜好,所以兩家店的商品企劃就因此發現而有所調整,喵喵館的東西以品牌雜貨為主,汪汪館的東西就以品牌服飾為主,我的品牌主題店的經營,因為汪汪跟喵喵的客群不同,多了很多不同的樂趣。

汪汪喵喵角色介紹

強強

天真、耍寶、表情豐富
搞笑一流的強強
是一隻臘腸犬
也是主人的開心果

設櫃優劣要評估

　　喵喵汪汪的品牌，因為產品齊全、設計獨特、獨特的純棉及棉麻材質商品，順利贏得了老顧客的支持。

　　閒不住的我，又開始想要擴展品牌的影響力，剛好有位在誠品西門店工作的朋友來找我閒聊，談著談著，我問及誠品專櫃是否有可能進駐，他認為可行並很熱心地引薦了店長。敲定了時間，我就帶著產品、作品以及開店企劃書去毛遂自薦，沒想到店長一看到汪汪喵喵的產品就愛不釋手，於是合作確立了，還給了很優惠的合作條件，沒多久，汪汪喵喵館的品牌就進駐了書店的二樓。

　　設專櫃，除了想要擴大品牌的消費族群之外，還有另一個原因，那就是試探國外的消費偏好。因為許多日本、香港等國外的觀光客，都喜歡到西門町逛街，而西門誠品就是他們常到的地點之一，若是國外的觀光客對我的品牌反應良好的話，就可考慮更寬廣的行銷計劃。日後，也正因為西門誠品的設櫃，發現香港及外國觀光客十分喜愛汪汪喵喵的產品，間接促成了日後國外市場的擴展計劃。

　　誠品商場實驗非常成功，汪汪喵喵館設櫃第一天營業額就飆

破五萬元，以2坪大的小櫃來說，生意非常好。或許是同行之間資訊互通，隔天開始陸續就接到很多其他百貨公司和賣場邀請設櫃的電話，不過因屬實驗階段，我決定先專心經營一家專櫃，其他的地點暫不考慮。切記展店的每一步都有其意義性指標，並非開越多越好。

以我的經驗與大家分享，設櫃有其優劣，缺點主要是專櫃人員管理不易，忠誠度不比自營店好，商場集體管理的原因規定多，靈活度較差。我不同於一般老闆的是喜歡搞創意搞怪，架高架子、組狗屋、自己做燈飾、簡直把專櫃當展場、我想商場管理者也對我們又愛又恨吧！

另一個重點就是利潤，或許專櫃不用租金，但抽成費用也不少，營業額雖高，實際賺的如果不精算會瞎忙，所以這一部分一定要精算。一般商場抽成費用平均是賣價的15%～25%不等，有些商場是包底加抽成，通常如果不包底就會抽成高，抽成不高包底就高，這一點，對於剛開始想要推廣品牌的小老闆來說是不小的負荷，切記精算各項費用與支出。當然若商品利潤夠高對自家商品能創造出多少業績能瞭若指掌，才知道如何談判最有利。所以以利潤為前提，對利潤不高的日系雜貨或經銷的商品，其實並不是門好生意，但優點是若著眼於自創品牌行銷，就另當別論了。

自創品牌競爭少，相對來說利潤就比較高，設櫃的好處是有助於讓品牌形象提升，培養外來客群，吸引媒體注意，多方接觸不同客群的經驗等等。百貨商場若活動企劃夠強，也是列入設

櫃的評估重點，舉凡活動辦的多的商場，合作代言發表會多的百貨，都是人潮的保證。

小莎莉設櫃老實說

什麼是「包底加抽成」？就是有一個基本的租金叫包底，不管你的營業額多少，都要付一定的包底費用，而若是超過了一定的營業額，除了基本營業費之外還要再加抽成費。到最後，加上一些裝潢、人事與廣告費，如果專櫃利潤沒有高過七到八成，利潤就不足，因此預計推出的專櫃商品若成本二十元的東西，就要賣一百元才有利潤可圖，建議5倍以上。

例如：

包底一個月30萬，抽成20％。

如果當月營業額為25萬未達30萬，抽成就是30萬×20％。

如果當月營業額為35萬超出30萬，抽成就是30萬×20％加5萬×20％。

這些以外，還會有每坪裝補費、廣告費、管理費等等……這些各式各樣的名目，其實都是大商場把抽成太低的專櫃，把利益變相加回自己身上的方法。因為數字都隨大賣場開價，其實條件怎麼談，被抽掉的加起來大都約30％。所以，要設櫃前，一定要精算自己的成本；但即使沒有太高的利潤比，設專櫃不失為一個打品牌的管道。

找回寧靜的專屬空間

又過了半年，誠品設櫃成功後，「汪汪喵喵研究所」接著成立在士林文林路夜市的後段路線上，這一家店，是為了品牌的深耕所創立的，而誠品店的專櫃需求，可以是催生「汪汪喵喵研究所」的原因之一。

要推廣品牌，個人化的作品就必須更豐富與完整，若要深耕作品就需要有一個空間可以讓我專心地創作。

▲工作室一隅。

因此，我萌生了「辦公室＋畫室＋個人作品專賣店」的想法，找到了一個有三層樓空間的店面，一樓與二樓是汪汪喵喵專賣店，三樓則作為畫室。

在這之前，我的辦公室兼工作室一直都藏身於喵喵館店面後端的一小塊區域，桌子後面就是貨品分類櫃，可說既擁擠又克

難，自從擁有了汪汪喵喵研究所三樓的寬敞畫室之後，果然創作力大增，第一批油畫創作就此誕生，我的作品也由素描式的隨筆塗鴉，拓展至不同顏料素材的彩色作品。那時，剛好有一家雜誌邀我定期發表自己的作品，也因此延伸了一些不同的思考，藉此逼自己固定交稿創作，在雜誌上發表了半年的作品連載。後來，這些作品都變成了我的筆記本商品，創作兼設計商品一兼二顧。

▲連載小品設計成汪喵筆記本也很受歡迎。

既然創作原稿的特色有了改變，由此延伸的產品系列當然也要有所改變，因此品牌包包與相關拼布產品開始以彩色的面貌問市。現在回想起來，有個人工作室可以專心地做那些創意發想，這對我自創品牌有很大的助益，汪汪喵喵研究所也是我的品牌晉身重要台階。

要安排時間創作，不如安排一個自己喜歡的空間，個人工作室對品牌創作的影響也是一個值得討論的地方。有一段時間我喜歡把辦公室另闢一個空間當工作室，白天上班、晚上創作，天天跟自己的時間賽跑，畫完了直接在水泥地板鋪床睡，方便又浪漫，靈感來時馬上就可以動筆。

現在比較幸運，擁有寬廣的專屬空間，我將工作室分成畫圖、精工飾品、電腦……等不同功能區塊，白色跟淡綠色是我覺得最寧靜的顏色，工作室的鮮花和香味更不可或缺的元素。有時

濃濃伴隨著顏料的揮發氣味，讓我充滿能源，髒汙的手，再伴著沾了顏料的褲子或圍裙，這樣換來的寧靜空間是真是難得的享受。

專心一意創作出來的東西是最美的，甚麼身外之物也不需要，靠自己一雙手就可以做出許多美好的東西，把自己喜歡的收藏擺上牆，自己的手作品排在這個空間，散落一桌的工具與書籍，這樣的空間是每個創作人都希望擁有的專屬世界。不論你是創作何種商品，都要營造出自己的專屬工作室，相信有了這樣的空間，靈感就會源源不絕！

喵喵汪汪香草花園開張

對我來說，夢想永遠不嫌多，雖然有的夢只做了一半就收場，仍然在現實生活與心靈層面上產生了無法抹滅的價值。

汪汪喵喵香草花園這個夢，可以說是品牌擴展中的小插曲，就在汪汪喵喵研究所成立半年後，正好兩家總店旁的店家要結束營業，我一向看到黃金店面就會有一種衝動，更別說是已經奠立良好根基的捷運商圈了。於是，我抱持著十足的把握將店面頂了下來，不過卻想玩點不一樣的。

既然汪汪喵喵的品牌已經打響了名號，每天來逛店、買我的作品的人那麼多，那何不分享創作靈感的泉源「自己養的寵物」，讓大家看得到牠們呢？打造一個同好可以談貓狗的空間，大家可以一起喝茶、用餐、交朋友，逛店逛累了也有歇腳的地方，豈不妙哉！主意既定，馬上動手，結合當時剛剛流行的香草（種香草也是我的嗜好之一），以汪汪喵喵為主題的香草花園餐廳誕生了。

▲種滿香草的汪汪喵喵香草花園。

有熱情、想做就做，一向是我的作風，就算我並沒有在餐廳上過班，也沒有過這方面的經驗，但路是人走出來的，我抱持著肯學天下無難事的精神，一項一項地籌畫心目中的香草花園餐廳。剛好那時開始愛上種香草，所以對於香草有基本的認識，不過如何泡咖啡、做餐點、擬菜單、拉奶泡，卻是全新的學習經驗。

這家店空間的設計仍是繼續玩隨性創意，香草庭院的石頭還是跟朋友一起到花東玩時海邊撿回來的。日後，在那個庭院裡，我接受了不少的媒體採訪，可說是充滿回憶與成就感的空間。

第一次開餐廳，要克服的難題有很多，不過我都把那些難題視為挑戰與樂趣，光是研究如何把自己種植的香草放進餐點、各式新研發的咖啡中，就忙得不亦樂乎。到日本參展時也會觀摩當地的特色餐廳，作為我創意的養份，自創技法。我的寵物餐廳一開張就受到消費者與媒體的青睞，受歡迎的原因除了貓狗主題明確、空間有特色、餐點有創意之外，還有一個重點，就是所用的材料都以「自己用」的標準作審查，所以成本都很高，不純粹以商業利潤為考量。因為生意非常好，所以採買工作是一項大工程，每天都是「忙、忙、盲」，忙得連原本的品牌創作進度延遲，也失去個人生活的空間與時間。

生意好是件好事，不過對想要經營創作品牌的人來說，卻充滿了矛盾。我開始有一種失落感，無法擁有寧靜的創作空間與時間，品牌連鎖的經營計劃被迫趨緩，每天回到家都已經是凌晨，一大早又要出門忙採買，精神和體力的負荷都達到極限邊緣。

母親一向是最支持我的人，看到我一天又一天回家累癱了的樣子，終於忍不住向我提出了建言：「如果想玩創意的話，玩過了也就夠了！」這句話，開始對我產生了漣漪效應，我思索著：「對呀！開咖啡廳本來就不在我的創業版圖之內，又何必因此而綁住了自己呢？」最後，我接受了母親的建議。

　　於是，我收掉了餐廳的部分，不過我卻一點也不覺得遺憾，因為對我來說最重要的是要能愉快地工作，餐廳生意太忙反而不是好事，忙到沒時間看書、畫圖、創作，生意好或不好都很為難。提供這段經驗給大家號參考，當你已經把夢想當工作，卻因為經營而失去原本認知的快樂感時，不必太堅持，修正經營方向直到自己覺得開心，才是長久之道。大概是因為媒體宣傳太厲害了，到現在還有很多客人打來要訂位，我知道很多客人還在等待我們重新開張，總有一天，為了同好，我還要再開一間寵物咖啡廳，到時記得帶貓狗來捧場同樂喔！

　　餐廳縮編之後，我加緊腳步計劃下一階段的出國進修安排。那時，我除了喵喵館、汪汪館、專櫃之外，還有汪汪喵喵研究所以及汪汪喵喵香草花園1、汪汪喵喵香草花園2，共六家店，對一個獨立經營的小企業主來說，實在超出了個人的負荷。我靜下心仔細思考該如何整合這些資源，並使其發揮最大的利潤效應。深思的結果，就是「若以個人直營，即使商品內容相同，也只能控制在三家店的範圍內，而且最好集中在同一地區，便於管理。」因此我認為：**三家店，應該就是個人獨立經營的極限！**

　　於是，我結束了外面的專櫃經營，歸整原本餐廳的店面改

為現在的「汪汪喵喵館」作為品牌總部，一樓是品牌拍賣中心，二樓是辦公室。整合之後，原本因為過於忙碌、無法深度掌控人事的缺點也大幅度地修正改善，一切又步上正軌，運作越來越順暢，我的出國進修夢居然也有了實現的時機！

小莎莉創業經驗建言

開餐廳和經營個人創作品牌之間，一個是勞力產業，一個是腦力產業，如果有雙重技能可以選擇的話，還是先以腦力產業作為事業方向，比較有挑戰與學習。

獨立經營的事業體系（尤其是流行雜貨業），在未電腦化之前，一個經理人只能直接控管三家店，若是擴張過度，很容易對員工及進出貨管制失去控管力，畢竟一個人的時間與精力有限，展店時一定要考慮清楚才行。

有甘有苦品牌路

專賣經營之後如何自創品牌？CIS是什麼？
手作達人如何突破量產？角色之於品牌的故事有何重要性？
仿冒是一個問題嗎？
「我無法想像沒有夢想的人生，那將只剩下生老病死……空蕩乏味，
因為有夢想才能創造靈魂的生命力！」

第一隻自創喵喵

經歷了一根銀線、第一桶金、第二桶金等不同階段，我的開店夢一一實現。有了店的名氣加上生產量，我開始設計企業識別的相關產品，在半透明的紙上呈現出自己想要的簡單塗鴉，名片上那隻塗鴉畫出的喵喵、及自己設計的LOGO風格，迥異於店內商品的琳瑯滿目、五彩繽紛。其實，好像一切就是為了這一刻的定調而努力，單純的黑色塗鴉畫的是我家中的胖貓喵喵，沒有經過太多構思，很自然地就畫出來了。

我喜歡在紙上塗鴉，也許是早餐時喝完一壺奶茶或一杯咖啡之後，就可以任意畫出十幾隻塗鴉汪汪喵喵角色，作為日後作品的底稿，塗鴉拼布是我的品牌開端與風格。有的圖樣可能只是一些表情或動作，或是包含某種感情的表達和一些字，如：「愣」和「驚」，就是一個感覺，塗鴉當時並沒有想得太多，又如突發奇想的「狗溜貓」與「貓溜狗」，是一時興起，沒想到這些拼布產品化之後，居然賣得超好。原來發揮創意很簡單，我從一根線到一隻筆，塗塗畫畫做品牌，有何不可？

曾有朋友來訪，看見我百忙之中還在辦公室敲敲打打做手工說：「真想像不出來當老闆了還搞DIY喔？」當時，我順著他的

話自嘲了一下，「是啊！偶爾也得去去銅臭味。」但我的確還留著隨性創作的習慣，不論國內、國外，看到創作的工具就會不由自主地買，絹印工具、銀黏土、皮革DIY的工具、還有油畫材料……等。

我是一個愛逛五金行的女生，在日本淺草的小小五金店可以逛上2小時，常常看到喜歡的工具就買，即使無法確定何時有空使用這些工具，但只要買了放在身旁，心血來潮時馬上可以動手。我的第一張描寫心境的油畫，就是在買了油畫工具好幾年後，在有感而發的驅動下拿起畫筆，陸續畫出許多回憶！喜歡的東西不要忘記提醒自己要常常做，不論人生走到何種階段，或者多忙碌，都要保持自己的赤子之心！

如今，每每看到我設計出的第一個商品，就像看到小時候的畫或過時的相片一樣……，越看越拙卻回味無窮。隨意塗鴉的拙作做成了拼布書，再將拼布做成包包，當眾人看到它時發出「好可愛喔！」的讚美聲，甚至掏腰包立即購買，比甚麼都讓人滿足。

我的經驗也表示，創作者一定要踏出第一步，不要怕被人嘲笑，每個人的第一件作品不會是完美的，甚至很多品牌剛開始時也都是試了很多路線之後，突然有一條路線走對了，而因此受歡迎。所以不要擔心第一件作品不夠好，先做再慢慢修正，只要持續就會成長，**跨不出第一步的人永遠到達不了目的地。**

達人也有第一次

　　現在是講求個性化的時代,設計的東西不一定要唯美,卻要有理念,若想成為好商品,就要有明確的商品定位和穩定的品質。當摸索出一個方向之後,讓作品不斷再進化,再帶入一些獨創的理念元素,就能做出個人品牌的價值感。

　　剛開始創作時,或許也會有「模仿」與「創新」之間的困擾。不過,如果有人說你的用心設計作品像誰,不要擔心,這就像有人說你長得像誰,而你卻永遠不是那個人一樣平常。

　　自創品牌商品需要的第一要件是專研,學有專長當然最省時,但自修也可以自創品牌。如果不是科班出身的,別灰心,一隻筆就可以塗鴉;從來沒拜師上課過,也沒關係,靠著看書自我學習,一樣可以玩得不亦樂乎。

　　很多人創作是自學的,日本尊稱某件事的專家為達人,達人常常是只開一家店或一個技術的代表精神人物。當你找到某主題專賣時,就要把自己推向接近達人的境界,網路上很多人都是這樣起家,不一定是裝飾品,舉凡賣一種布丁、一種饅頭、一種水餃、一種義大利麵……等,都是這樣的模式。

▲顧客可以選擇布書角色與商品組合。

　　每次去日本，無論行程多忙，我至少會安排一天到書店看書，日本書店的裝潢設計或許沒有台灣來得精美，但分類完整、燈光充足、書種齊全，在那裡吸收創作養份，經常能獲得很大的滿足。在流行速度很快的日本書市，常常有意想不到的創意點子，人氣的部落格、能治療心靈的不可思議貓臉、每日早晨的創意吐司……一個不同觀點的小小發想，就能延伸出超人氣而發展成暢銷書，每本都讓我愛不釋手。

　　所以，當你專研某種創意有了一定的程度或成績，就是達人。抱著有趣的心情認真研究，放開學院派的觀念，開發出一個讓自己感動的東西就對了。而後將創意結合商品，以汪汪喵喵為例，是自創故事圖案結合衣服、包包……等，當這些成為商品之後，十個中總有一個款型可以脫穎而出，下一階段的創作，就可以將這個熱賣商品的特色視為發展主軸，成為黃金創作線，到時你就會驚訝地發現：當初沒自信的開始，後來卻有意外的成績。

▲五歲時，媽媽買了一個我期待已久的小黃鴨燈籠，在下樓途中，蠟燭倒了！轟！一下子成了一隻烤鴨。哭累了的我，就這樣坐著。你也有童年忘不了的回憶吧？

▲我童年的好朋友，是花園裡的花草與昆蟲。平凡的春天之花，是有淡淡香味的雞蛋花。

▲來訪的蝴蝶，不容錯過。頑皮的我常常這樣捉蝴蝶。

▲畫中的角色進化成布書，提供顧客選購。

成為品牌的第一件事

　　我的第一家店叫「銀寶兒」，我取了一個自己覺得貼切而且喜歡的名字來用，並沒有申請商標，自己割卡典西德DIY就做了一個小招牌，如此而已。

　　我想剛剛創業的人，可以像這樣，多試幾個不同設計的小招牌。但是一旦開始要定下來經營一個品牌，創造一個固定的商標並申請商標是最基本的要件。我也是在確定自己要把汪汪喵喵館當成未來的主軸時，才開始花錢申請這些自己設計的商標，由喵喵館、汪汪館一直到汪汪喵喵館，陸續申請出來。想創業的人，可以陸續準備，因為一般申請需要半年的時間。至於該如何開始才不會花費太多成本，又不必申請一堆用不到的東西呢？簡單說明要具備的元素，一般大致分成三大類型的設計方向：

創造造型

　　自創一個精神象徵或徽章都可以，例如汪汪喵喵館的logo 喵字加方框、汪字加圓框；一個方形、一個圓形；取其東方的圓融、幾何的現代感，在極簡的方圓幾何之間，強調東方文字的特殊性，就是「在方跟圓、貓與狗之間的對比人生哲學」。其實中

文字本身就很美了，我們有幸成為這個優美文化的學習者，可以好好運用它的獨特美感來創作。

創造名字及顏色

文字、字體變形、加入弧度的造型文字，或加一點裝飾的文字名稱都可，有的企業就取其簡單的店名加一個特有的色系，例如：屈臣氏和它特有的藍、即形成觀者深刻的印象。以汪汪喵喵館的名字為例：2000年時我利用狗狗貓貓的叫聲的發音，陸續取了一個汪汪喵喵的簡單聯想名，剛開始覺得以正確發音而言，狗狗叫聲應該是旺（注音四聲）而不是汪（注音一聲），後來因為旺旺太像餅乾的牌子，於是選了一個音不太像的汪汪加上喵喵。至於汪汪喵喵再加了一個館字，是因為希望汪汪喵喵館像個展覽館，展出各式各樣的貓狗系列作品。

沒想到自從媒體不斷採訪後有一點名氣，現在很多網路與宣傳已經把汪汪喵喵當成了狗狗貓貓的代言統稱，當然這也證明汪汪喵喵的確貼切而好用，無形中為店名做了很好的宣傳，讓我見識到媒體的力量。我相信現在只要來過汪汪喵喵館的人應該對這個名字印象深刻，一提到有關汪汪喵喵的店，大家一定會想到捷運士林站的汪汪喵喵館。

創造企業寶寶

一個有故事的品牌需要角色的生命力，很多知名品牌延用的角色代言者，喜歡用一個圖騰或一隻擬人化動物，例如象印牌的

❶可以任意開合的遮雨棚變成了招牌。
❸捷運前隨時可見的超Q汪汪喵喵提袋。
❺更衣室也幽默一下，有狗狗陪你更衣。

❷水泥師傅不厭其煩地配合我 DIY自己鋪的石子地板。
❹中文字本身就是藝術。再加個貓尾巴上去，有誰看不出它就是喵喵館商品？
❻貓老大、小胖加上斗大的喵字，就成為人氣商品：貓老大隨意包。

大象、麥當勞的小丑叔叔，當然汪汪喵喵館也有一群小貓、小狗當作精神象徵代言，我精選了受歡迎的古樸風角色輪流上陣，顧客看了都說可愛。

　　以上這些重點取其一即可達到識別效果，申請這些設計好的商標時，不論是上述的字還是圖，要注意最好將字與圖分開，越簡單的東西愈容易使觀者記得，也越不易被模仿及混淆。申請通過後，在店中大量運用它，品牌之路就此正式展開了。

▲具有手作感的燈飾。
▼工作圍裙也加四個喵字，令人一眼難忘。

▲Logo也成了貼紙與瓶中信，結果大賣。
▼普通鏡子，加上喵貼紙裝飾比蕾絲更酷。

商品從手作到量產

　　去年我參加了創意市集，和一些創意達人聊天發現大家一個煩惱共通點，就是如何將手作商品量產？萬一媒體效應消失了自己又將身在何處？手作達人們都過了身體力行的第一關，但是想把商品轉換成品牌的人不在少數，怎樣才能晉身下一個階段呢？

　　從擺地攤到開始經營天母小櫃之後，看著一個又一個專櫃上所陳列的手創商品不斷賣出，供不敷出的創作，我開始覺得有一個品牌絕對不是夢：「那一天我也要讓自己的作品成為一個品牌，擺滿一整個專櫃！」現在，這個夢想已經實現，而我的作品也不只是一個專櫃而已，「它們」漸漸地佔據了汪汪喵喵館三家店百分之七十以上的空間，涵蓋了服裝、配件、包包、雜貨、印刷品……等不同領域。

　　我第一個DIY的創作商品是天母時期的手創銀飾品，自從開始經營之後，就漸漸地無法有太多的時間自己製作每個商品。主題性商品賣得好，但手作的商品數量有限，我開始慢慢瞭解DIY的市場產量有限，真正要經營出一個市場性較大的品牌，成為一個專業的精品店經營者，就一定要量產。

　　於是我決定將「純手作」巧妙地轉為「手作感的古樸設計」

加以量產，保留手作感的氣氛，加上了拼布媽媽的味道，結果大
受歡迎。

　　喵喵館誕生之後，我先由日本引進很多系列的貓主題創作
商品，在銷售分析中觀察每個角色商品的品牌經營模式，學習它
們的成功之道。收集數十種創作商品，藉由不同的畫家品牌分散
經營的風險，然後再逐步發展自己的商品，由一個系列、二個系
列、一個角色到二個角色，慢慢擴展，等到自己的商品多了就以
自創商品為主軸，將原本日本引進的系列商品慢慢修減，留下部
份競爭力好的優質商品。

　　自創品牌的心願，推動我拿起畫筆，也鞭策我將作品商品
化。剛開始時還不十分確定市場的反應會是如何，加上手上的資
金不夠充足，於是我以「土法煉鋼」的方式，自己量產商品，用
電腦印卡片、筆記本封面，而包包拼布的部分則用發覺千里馬的
創意，找了一個繡學號的張師傅來製作。

　　很幸運的，繡學號的師傅製作手工精細，也具備了製作的美
感，將我的作品用鏽線傳神地展現在布面上，於是一拍即合，成
為我的最佳手作師。之後，她告訴我：「我車了一輩子的學號，
沒想過自己可以做出這種有美感的設計作品，做這種工作真有成
就感！」

　　其實對我而言，可以找到張師傅這樣的人才，才真是幸運
呢！後來因為市場需求大增，這些圖都被量產出來了，雖然已有
工廠配合量產，但我的原創如果沒有打樣師的巧手，也無法表達
出我想要的美感。我想用心的人，就會遇到用心的工作伙伴吧！

作品成為車縫圖樣之後，可不是這樣就完成了，因為圖樣太多還不確定是否完全符合市場需求，為了增加豐富性，並減少風險，我請手巧的媽媽幫我將各圖樣手縫在暢銷的包包款上，分散生產成本及生產數量，並接受客製化生產。我還將所有的樣本編成「布書」，讓客人從書上訂購自己想要的圖樣、包包款式、擺放位置，還可以繡學號和名字，這項商品得到很好的迴響。

　　沒想到接單太多，媽媽常常縫到手痛，於是我只好加快腳步量產，自創商品一發不可收拾，迅速以倍數成長。直到現在，只要一想起媽媽將我的作品一個一個縫到產品上的畫面，就覺得無限感激。如果沒有媽媽的幫忙，就沒有今天汪汪喵喵商品的成果。而這第一批量產的作品，受到日本經銷商的青睞，也是因為**「這作品很有媽媽手作的溫馨感」**這樣的評語而受到歡迎。這也讓我領悟到，有時不得已去做的事，若認真執行，也能成為某種意想不到的優勢。

▲媽媽一針一線縫出來的早期商品之一。買的人請一定要好好珍惜。

我曾聽過有個手創作家，想把作品商品化為「貼紙」，但因缺乏開模的資金而想出了另一個辦法，設計印刷出裁切線讓消費者自己裁切貼紙。自己選擇裁切貼紙的大小，節省成本又讓消費者覺得賺到，像這樣因為預算不足所做的權宜之計，卻讓商品得到了行銷的加值效果。這都是「化難題為利基」的最佳示範，我想這個點，應該是所有手作達人想成為品牌，最需要不斷突破與思考的關鍵。

　　「手作」對品牌而言等於是打樣，創意市集的創意達人若是畫出了很多圖樣，而你無法預期它們的銷售量如何，便可先用少量手作品測試市場反應。當銷量達到預期值之後，再選出反應好的圖樣量產，這樣就不用一次投資大筆生產成本，造成血本無歸，或有大量庫存的壓力。

　　而生產的組合要哪個量產多？哪個量產少？才能讓店內商品感到豐富而多樣，也是重要的一部分。到了生產階段，要注意的細節又是另一個問題，把設計的場景拉到工廠，接下來就是選擇適當的材料成本、符合風格的材質、品質管理……環環相扣，每個環節都與商品成敗相關。以我銷售經驗來說，可以從過去銷售報表數字分析，找出一個「**萬年不敗款**」。再由這款商品不斷加入圖樣、加入新元素、將它做成所謂的訂番品（就是固定好賣不退流行的商品），進而得到顧客的長期支持。

品牌角色的演化

　　如何設計出可以大賣的商品？首先，一定要懂得消費心理。所以，以我的經驗而言，打從一開始經營流行商品的練習，就可以研究各種品牌與角色。雖然我是設計本科畢業，但是我捨棄學院派的制式思考方式，用曾經經營流行商品的經驗，以採購者的角度設計商品，因此大大降低了失敗率。我覺得一個好的採購者很容易成為一個暢銷的設計師，因為好的採購者，會預知客人的喜好與商品該有的價位，除了敏銳與統計的專業，還有品牌理念的認知。所以如果有機會接觸市場採購的工作，可以讓我們更清楚自己想要的品牌定位，進而做出受歡迎的商品。

　　如何找到最佳的品牌角色？要去蕪存菁，迅速淘汰不良品，當一個明快決策的領導著，因為時間也是成本。我的明快決策完全來自於豐富的失敗經驗，不斷地出問題、找答案就是很好的練習，我喜歡越挫越勇的感覺，也喜歡抽絲剝繭找出解決辦法的成就感。我想喜歡自創品牌角色的人都會經歷這個過程，很多人畫了無數漫畫人物，最後紅了其中一個角色；很多人實驗了很多軟體，發現了一個最快、最方便的方法，從此扶搖直上。想要成功，就必須在同一領域，無懼眾多失敗經驗才能達成。

至於我的品牌與角色創作，自汪汪系列開發後，就加入了狗狗的作品。喵喵系列的作品通常是依個人喜怒哀樂的心情創作，整體走向比較感性；而汪汪系列則是流浪狗的故事，圖中的主角大都是自己在路上撿回來的狗，傳達的是比較具體的故事。

　　剛開始製作商品，一定會有經驗不足的地方，小部分商品經過實地操作後才發現缺點，之後才慢慢修正。每次設計遇見瓶頸，最好的突破方式，就是在人來人往的捷運站旁坐著欣賞人潮，人多的捷運站是我市調觀察的好地方，不管是客戶喜好的顏色、包包樣式或使用習慣等，只要坐在捷運口觀察，就可以立即得到答案，進而設計出受歡迎的商品。

　　我從小就很喜愛貓、狗，只要在路旁看到就會忍不住想撿回家照顧，也許受限於某些條件無法照顧太多數量，但只要將牠們整理好，遇到喜愛牠們的好主人就可以將牠們送養，改寫牠們的命運。現在店旁鄰居所養的狗，常常是我路上撿來的，每天都可以看到牠過著幸福的日子，我也覺得很幸福！

▲引頸期盼主人的牠，喚了好久才看鏡頭。

▲原本在公園固定被表妹餵食的咪咪，現在住在一塵不染的豪宅。

▲溫和上相的小小是立耳貓，迷離的眼神是攝影師的最愛。
▼主人面前愛撒嬌，暗地裡欺負別隻貓的黑妞，是隻米克思（Mix）貓。

　　可以用眼睛、鼻子、耳朵、一起感受的一家店，是什麼樣
的店？我在介紹自己的店時常常說：「就是那家有貓、狗駐唱的
店啊~~」來過的人一定不會忘記，在店裡頭播放的特製汪汪喵喵
合唱曲，有聖誕節、傳統新年……等不同風格的曲風；並在店內
隱藏處放著芳香棒，讓客人停留在賣場中能感到舒服、溫馨。櫃
上放滿令人眼花撩亂、應接不暇的是齊全、可愛到極點的豐富商
品，每個進入我色彩豐富的店裡的人，不論是新客人或老客人，
所有人彷彿都可以忘了煩惱。

　　有故事的一家店，是什麼樣的店？我們都很喜歡有歷史的
店，因為歷史代表著故事，沒有故事就沒有品牌，有了故事才有
夢與實踐，希望大家先找到自己的夢再去開店，比較不會愈做愈
無趣。

▲小莎莉最愛的貓「喵喵」,是喵喵館開幕期間在門口撿到的奶油色波斯貓。相不相信,牠是
　一隻會說話的貓!生氣、開心、撒嬌、抱怨時,都會嘰哩咕嚕碎碎念的貓。
▼流口水的怪爺爺小胖。每天都坐在周圍用期盼的眼神看著小莎莉,不跟牠玩時會用手來拍。
　跟別人說話牠也會像小孩子一樣一直插嘴喵喵叫。

　　就我自己的故事。除了2000元創業以外,我跟貓狗的緣分早
在小時候就建立了。我從小喜歡昆蟲和小野花,家中庭院裡多的
是蝸牛可以把玩,用指頭點牠的頭上觸鬚十分有趣,常常來訪的
小白蝶、用鐵鍋子捉到的麻雀、到我家庭院做客的小老鷹、蚯
蚓收集罐、外婆家的那隻叫SIRO的看門狗,另一隻叫六十八(台
語)的乖狗,養雞、養鴨、養兔子、養烏龜、養魚、養青蛙、
我撿到狗小黑、101、史努比;我撿的貓 喵喵、咪咪、我認養的
貓,小小、小胖、哈士奇、kiki、小黑、我燒掉第一隻的燈籠鴨
鴨……我還有好多沒有說的故事想說。

　　我想自創品牌其實是想說很多可愛的故事,希望擁有的是一
個有故事的東西,一直說下去,成為令人印象深刻的一個品牌。

第一次邂逅商品的喜悅

　　隨著商品的推出、修正、再進化，由手工到量產，由量產到顧客手中，其間經歷的種種都讓我收穫良多。剛出頭的品牌求生之道是以永續經營為目標，於是我界定了一個起步的方向，希望做的是有設計感的平價商品，一個人人買得起的親民品牌，原因是除了量產方便以外，還能多吸收客人的聲音，無論是好的還是不好的。這樣才能集思廣義，從中學到經驗。

　　第一次感受到自創品牌的喜悅，是在一次早餐的「邂逅」。那是一個陽光明媚的日子，我在偏遠山邊的一家餐廳，突然看到門外有個年輕的大學生背著自己設計的包包，開心地走過我的眼前，那時感到一陣悸動，覺得手上那杯奶茶的滋味真是好喝到無以倫比。直到如今，我在汪汪喵喵專賣店前面，每天都可以看到幾個身上穿著或背著我的作品的朋友，這就是我自創品牌最大的喜悅。

　　有時，也會看到他們身上穿或背著我二三年前的作品，那些久違的作品出現眼前，總是勾起我創作當時的種種回憶，看見有些當時手縫的東西，都很想過去跟對方說那是我媽媽辛苦手縫的絕版品，請好好珍惜。

最讓我感到溫馨的，還有那些客人對我作品的情感。有的客人甚至會買了一個包包後，一背背三年，天天陪著他出門、回家。有一個小男生就是如此，每天背，背到帶子都裂開了還捨不得丟，後來到店裡來想再找一個替代品，我看見那個幾年前的包款被物盡其用的模樣，真是感激不已！幫他介紹了一款新包包，也為了感謝他而免費幫他修第一個包包。後來他又多買了一個包送朋友。

　　從另一個角度看，這是最佳的貼心行銷，而我的出發點卻只是因為「對顧客真心的感謝」。

▲設計圖原稿。
▼設計圖做成T恤。

▲設計圖做成拼布包與T恤。

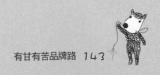

仿冒是名牌才有的問題

　　有人問我有了品牌，怕別人仿冒嗎？其實，如果有人開始仿冒我的東西時，我會覺得高興，因為代表我的商品有賣點了。話雖如此，但打從一開始我就為了避免仿冒做了一些措施，我的第一個想法就是設計仿不出來的韻味。但是天下有甚麼人家做不出來的東西嗎？剛開始我決定特立獨行，挑出自己喜歡卻跟市面上大眾口味不同的古樸風格。沒想到我這個方法居然奏效了，一個打算跟我合作的台灣代工廠，大言不慚地告訴我，之前曾經仿冒了我一款包包，結果被自己的批發客人回覆「做這甚麼黑嘛嘛的麻布包，難賣死了！庫存一堆！」

　　去年，一家代工廠仿冒了我的一個圖案，一下子賣了一千件，可是他卻損失了我所有的新訂單。最近的例子是我的開運大貓臉包，竟然在日本的批發商場上被仿冒出售了，有了圖案設計原稿及東京禮品展的展出照片當證據發出存證信函，使得原本就注重版權的日本人知情之後立即下架所有商品，卻因禍得福有些小賣商則轉而向我下訂單。只要是自己設計的東西就不用怕，越來越多認同智慧財產權的消費者意識會漸漸抬頭。其實，很多設計師反而希望被仿冒，這樣設計師跟律師就有賠償金可以賺了。

A.
這一組是(一圖一款多色)的商品運用　12星座幸運色貓咪包

B.
這一組是(一圖多款)的商品運用　三色貓系列包

C.
這一組是(一款多圖多色)的商品運用　屁股包與兩用臀包

▲2008產品目錄。

▲貓臉購物袋是提供顧客超輕量攜帶的需求，加上可收納成下方貓臉型的巧妙設計。

想設計出不易被仿冒的商品，除了技術以外，部分答案在於設計師是否了解市場、深入了解審美觀的落差點。也許是玩偶眼睛的位子、娃娃臉型圓與不圓的些微差異，或一個不討喜的卻特別的品牌材料……小地方常是吸引消費者的大關鍵。

生產的方法也跟預防仿冒有關，某些堅持或許會讓生產進度慢一些，但也非做不可。一個東西在二、三個不同地方同時生產、簽生產合約、掌握核心技術、申請專利、或加上品牌辨識特徵、比快比難度……各式各樣的方法，都是維護品牌的好方法。

不過，也不用過度擔心，曾經有一個業務員拿了間單的內頁空白便條本來推銷，居然連樣本都不敢給，原因是怕人仿冒，可是商品的設計一點都不特殊，這樣矯枉過正又如何推銷自己的商品？如何開啟合作的第一步？

仿冒大體上是名牌或好商品才有的問題，總之，只要持續努力，自創就是王道，獨特的專賣店及自創品牌是一條堅持、奮戰就能走出來的路。

小莎莉商品選擇及創作步驟

　　第一章講述要先找到自己的創意符合市場潮流，接下來如果要將創作商品化的話，創作前就必須確認商品主題，才能提升成功機率。

　　在選擇自創生產的品項之前要思考的方向：

1. 商品品項符合市場流行：流行手機做手機套、流行腳踏車做頭巾等等。

2. 創作者對商品品項有興趣

3. 對商品品項的市場有長期的觀察，當作品牌創新的基礎。

小莎莉做出系列商品運用

1. **一圖一款多色**：在電腦上畫一個圖案，用不同色當底，並企畫出不同顏色或圖案的故事。例如:12星座有不同幸運色的貓臉包。

2. **一圖多款**：延伸到商品設計進入商品系列概念的延伸，同一個圖案搭配在不同的商品品項上，方便原料能大量運用的方法。例如：三色喵帆布包

3. **一款多圖多色**：就是一個商品品項，搭配上不同的圖及顏色。進入品牌發展的概念，加上專利申請所設計的企業商標，發展出代表性的作品展現你的實力，開創你的品牌形象第一步。例如：屁股包與兩用腰包。

　　準備好以上設計系列，由小莎莉幫你做品牌商品代工之建議及規畫服務。

創業
是一條永無止盡的路

理想與現實的衝突要如何面對？經營管理與自我成長如何並行？
品牌的未來該如何規劃？
「成功之於我沒有終點，成功之於我是走在夢想的道路上，
時而奔跑、時而漫步，累的時候可以駐足欣賞走過的崎嶇路，
做夢的時候可以抬頭看看天邊的彩虹，自由自在……」

我什麼都會也什麼都不是很會

　　許多人常納悶地問：「你怎麼可以接受許多創意人不能接受的財務報表及人事管理？」我的回答似乎聽起來讓人很難理解，但其實我是為了實現夢想才勉強當老闆，而當了老闆才知道自己很適合老闆這個職業，比起很多只想當老闆卻不知理想目標的人，我的企圖心算是小太多了。我接受很多挑戰，做什麼都不覺得累，接受每一個步驟，嘗遍真實與夢幻的衝突，我也是跌跌撞撞地學習，沒有天份，只有不斷檢討修正，我一直都喜歡挑戰的感覺、並且樂在其中。

　　如果你覺得自己好像「什麼都會，也什麼都不是很會。」恭喜你，你可能跟我一樣很適合當老闆喔！但是想當老闆，對夢想與真實要有一定的認識，並接受原本預想外的地方。挑事做的人最容易被淘汰，你必須先認同當老闆就是做雜事的人，什麼都要做，老闆不一定是專業人士，專業人士常常只做自己想做會做的事。試想一個剛剛形成的公司 ，一定有很多雜事，專業人士不想做的事，老闆都要承接，不然公司如何運作？

　　當然，也有人說那我可以經營一人公司，自己開一家店，自己管理自己，小規模開店，這樣的方式，就避開管理人員這一

塊。個人工作室稱為SOHO族，如果你覺得這樣可以輕鬆一點的話，倒也不一定，因為你還是校長兼敲鐘，什麼雜事都得一個人做，只是你管理的人是你自己，如此而已。

我有一次整修工作室時，整修師傅問我說：**你怎麼不叫員工來整理雜物？什麼都自己動手？**我回答：「我的公司小，分工少，照以前的經驗，如果叫他們來整理，可能明天就不來上班了，這種雜事自己來就好了，至少他們可以分擔其他擅長的工作。」

哪種人是我指的專業人士呢？就是那種常常抱怨：「這不是我這份工作該做的事，今天老闆交代的事不在我的工作範圍。」只做自己想做、會做的部分，學有專長，並且習慣專一行事的人。反之，老闆則不能挑事做，除了專業以外，還必須管理經營。所以，你應該知道自己是適合白手起家當老闆？還是專業人士呢？是通才？還是專才呢?沒有好或不好，只有適合與不適合，選對了，就可以在自己的興趣中獲得成就感。

▲看來古色古香的企業Logo，是158×158公分的喵匾額，暗藏招財數字。

老闆是做整合的人

　　一回生二回熟，當老闆也是要練習的，第一次當老闆或換行業當老闆都是新手上場，從小規模開始練習，慢慢將整個流程架構起來。做別人不想做的，漸漸熟能生巧，再變成做別人做不到的事，凡事要自己動手做，經歷了過程，才知道如何精算效益，從錯誤中獲得經驗。

　　以前我雇用工讀生，以為年輕就代表活力，但是流動率卻很高。於是我反省別人的做法時，想起多年前我常常去天母高島屋購物，其中有一個帽子櫃的婆婆，相較於其他專櫃小姐的超齡，但是她的服務態度親切和藹，我很喜歡去跟她買帽子。我的媽媽以前看店時一樣受歡迎，小孩子叫她婆婆，客人叫她媽媽。我常常在成熟的臉孔上看見幹勁，他們都是珍惜工作的快樂人。

　　於是，我改變想法，開始在徵人訊息寫上歡迎30～45歲應徵者。後來應徵的多是想要開啟事業第二春的家庭主婦，她們非常驚訝有公司會招募年齡高的人。當我試用之後，發現他們在服務的精神上的表現比年輕人穩定。由此可證，人的潛力在於用心，服務工作沒有年齡之分，現在年輕人喜歡電腦工作，我就分配他們去網拍組，能把千里馬放對位置的人才是伯樂。

選用儲備幹部也是相同的道理，大多數的老闆會找跟自己像的人，但我喜歡任用人格特質與自己不同的主管。用別人的優點看自己的缺點，再用別人的缺點省思自己。沒有壞人怎麼有好人？沒有黑臉怎麼有白臉！看似簡單對比，溝通時常常兩者之間有極大行事衝突，其實善用和自己不同的人的優點，也是一種高度整合的挑戰，在過與不及之間尋找平衡點，這是老闆的責任與智慧。

以前我在書店上班時，結交了不少同好，我們學歷都不低，工作很認真，薪水不多，但大家任勞任怨，因為這是一份我們認為有氣質的工作。自己念設計，每天管理設計的書籍，客人找什麼原文的設計書，我都能倒背如流。每天我會用自己的下班時間幫忙公司陳列，公司搬家時還充當搬家工人，搬的不是自己的東西，而是賣場的書，為了幫公司省錢所以自己搬商品，休假時外出找材料裝飾店面，做很多原本不屬於自己分內的工作，把自己弄得很忙，鞠躬盡瘁。

突然有一天我跟其他人抱怨，說覺得很累，真擔心我要是辭職了，誰來接替我的位子。結果，其他同好竟出乎意料的回我說：「放心好了，你很優秀，但是很快自然有人可以取代你的！」這讓一向覺得努力就可以自傲的我，突然大夢初醒，原來沒有什麼工作是非自己不可的，尤其是求學一路平步青雲，或職場得意時更應警惕。

這件事現在反過來，用在當老闆上也一樣，我提醒自己不要事必親躬，只要會整合，每件事都有可以取代的人，端看你願不

▲把企業Logo看板吊上自己釘的階梯。

▲連音樂都要獨樹一格。汪汪喵喵的貓狗大合唱CD，每個人都該有一片。

願意放手，讓自己輕鬆罷了。有的人以為越忙越像老闆，其實不然，當老闆要愈當愈悠閒才對，悠閒到把時間用來動腦創新，悠閒地到處閒逛做市場考察才對。一旦公司規模擴大，雜事如果真的比例太高，妨礙真正主軸的發展，就要收邊或再找助手，將複雜的事變簡單就是整合。

所以，自從開店的第一天開始，我的目標就是不必綁在店裡工作，會收邊就省事，懂得放手才能有更多人才接手。想想你的習慣是越搞越複雜嗎?或者會無止境地擴大自己的野心而不自知嗎? 當老闆愈做愈辛苦，愈做愈忙時，就很危險喔！

有創意老闆就有創意員工

把經營的每件事當成一種創意過程，過程之前帶頭做事則是老闆的責任。汪汪喵喵館的員工流傳著一本員工自創的銷售建言，每個人都可以寫下自己的創意銷售法，用來交換心得，幫助其他人成長，無論是專業知識、經驗參考或是自創想法，都可以自由發表，與同事分享。

我和一個許久不見的老朋友聊到自己當老闆的甘苦，他說自己每次開會都像在吵架，而且一急就結巴，結果台下笑成一團，事情還是沒解決，最後不歡而散。他是一個好老闆，但員工沒有跟著成長，公司的危機就是一成不變，所有壓力只能自己承擔。

他和我最大的不同是每次開會開得很痛苦，而我即使天天開會都很開心。活潑的開會氣氛，對員工而言，就不是負擔，而且能從中得到收穫。所以，我設定開會目標就是腦力激盪及開發潛能，開會可以是服裝搭配練習進而變成競賽，也可以想些題目集思廣益。除了員工基本服務的訓練之外，花時間跟員工分享品牌的設計概念也很重要，因為**品牌的紮根，必須從員工的訓練開始，他們每天站在第一線，等於是品牌的代言人**。從品牌故事的角色、布料材質、流行色彩、新貨上架到銷售建言，每周設定主

題一個一個說明，讓員工也能把開會所學運用在實務銷售上。等到進入狀況，再讓大家發掘與原來設計不一樣的功能。甚至，有時提出難題，扮演難纏的客人，讓員工互相輪流說服，再分析哪個方式好，哪個方式有缺點，而我也能因為開發員工潛能而吸收別人的想法，彼此受益無窮，實踐教學相長。

除了有效率的開會，還有趣味的尾牙秀也能增進彼此感情，尾牙除了抽獎活動最開心，就是造型表演。去年我們的尾牙秀主題是喵喵海盜裝，剛出題時大家都覺得老闆瘋了，結果當天全員鬧翻天，平時安靜的主管，都意外變裝成了海盜殺手，為了競美，有人煞有其事地租了水手裝，一個個喵喵海盜公主，讓大家把一年的辛苦都拋到九霄雲外，當然這一切也要感謝有創意的員工才能有精彩的表現。

以前自己也當過沒經驗的員工，還記得有一次店長問我要不要當副店長，我完全沒有頭緒，不敢答應，因為我根本沒有數字概念，每次要提出業績評估時，都一頭霧水，心想我口袋裡都沒有幾百塊，哪裡會知道幾百萬這檔事，我當時想我大概永遠不會懂經營這回事吧？因此我體會到，再聰明的員工都需要方法學習，教員工用每日客單價來評估自己的能力、每日預估自己的業績目標看達成率、自己跟自己的預估值比賽，讓員工也有經營的概念是很重要的。

員工的成長就是企業的成長，品牌的設計精神，必須透過員工的瞭解，再傳達給客人，讓客人記住商品氣氛，這種圖案與作品就是汪汪喵喵館的產品，只要大家在路上，一看到產品就可

▲運用創意練習，一條方巾就可以變化出幾十種花樣。是圍巾、也可以是背心、沙龍，汪汪喵喵經常開發一物多用的商品。

以認出是汪汪喵喵館的東西，那品牌經營的精神傳遞就成功了。老闆對未來充滿了期許和希望，也要讓員工有這種感受，別讓員工工作時像一顆螺絲釘。有些老闆怕員工學了之後就跑了，反而成為自己的競爭對手，我也曾經有過這種被學了就跑的經驗。但是，有本事的人不必怕別人背叛自己，偷走商業機密，偷了一個難道能偷一百個嗎？有人追！你就跑，這世界上有一種東西永遠偷不走，那就是源源不斷的創意，創意的老闆加創意的員工，一定所向無敵！

創造自己的樂活方式

　　當老闆最大的優點就是自由，自由規畫自己的下一步要往哪個方向？以前上班想去旅遊，只能辭職再換工作，剛畢業時想做一些和自己興趣相關的行業，當然也想過當空姐、當導遊、當旅遊節目主持人、當作家……等。相信大家應該多少都會和我一樣，希望假借工作之名實踐自己的興趣吧！藉工作之名行旅遊之實是我的最愛，但重要的是滾石不生苔，選擇之前一定要了解自己的能耐到哪裡？

　　當了老闆之後擁有自由，你最想要什麼？「到各國遊學」一直都在我的預定計劃表內，之前忙於展店總是無法成行，現在這個長期進修的計劃不斷地實現了。從小到大，「學習」總是我最捨得花錢的項目，也因為學習讓我得以跟上時代的潮流，甚至引領流行的潮流。創業之初，若不是樂於學習銀飾金工，就無法比別人更專業；在學期間，若不是樂於學習不同語言，也無法踏上日本的征旅，取得產品先機；網路時代，若不是樂於學習接受新的繪圖工具，也無法利用現代科技的便利性做出更多設計，若不是不斷了解運用新網路技術也無法出國進修、參展或在台灣開店、各處工廠趴趴走，讓一切並行。所以要活到老、學到老，學

習是我有了自由最想要的，而我的自由也是藉著學習而來的！

　　大家常常掛在嘴邊的一句話，天下沒有什麼不可能的事！但我們要的不只是相信，而是要天天實踐。「放手」的契機，取決於「安頓」的完成。2006年的我，台灣的店務已經培養了可獨立運作的幹部，於是，我飛到了日本，進行了一整年的進修課程。很多朋友都說不可思議！三家店的老闆還可以出國遊學喔！連日本的合作廠商都覺得不可置信，拜網路時代之賜，讓我們的自由範圍更寬廣，我們可以透過電腦開視訊會議、監控店況、可以將所畫的布花直接透過電腦傳遞到工廠打樣，幾乎跟本人身在台灣差不多，不但不必綁在店裡，還可以到處跑來跑去。

　　在日本遊學下課之餘，我用較為輕鬆的心情四處走走看看，深入觀察日本當地各種店面、陳列、經營方式和消費習慣，收穫良多。東京街頭居然有收費式的「寵物餐廳」，消費者到餐廳用餐，可以選擇店裡養的貓或狗陪伴，採定時收費制。這種強烈的使用者付費的觀念，目前台灣消費者可能會認為「我只是摸摸牠而已，為何要付費？」因民情風俗不同，日本還有很多不同種類的店，特殊經營的模式都可以激發個人的創意與想法，日本與台灣兩相比較，讓我大開眼界！

　　在東京的小店，還有很多「小空間創造大利潤」的方法，也令我印象深刻。每次到東京，我最常去池袋有名拉麵店朝聖，這家據說票選第11名的拉麵店，坪數已經很小了，約10多坪，卻用三分之二的空間規劃一個專業廚房，坐位則只佔三分之一的空間。反觀在台灣的小攤店，空間規劃的觀念可能正好相反，總覺

得要保留最大的空間給用餐區，規劃出最多座位來賺錢，而廚房人員就在又擠又小的空間工作。然而，這家日本拉麵店的作法，卻沒有因為以廚房為主而少賺，因為他們寧願保留較大空間給廚房，讓廚師做出品質更好的餐點、讓流程更順暢、員工更舒適、愉快地工作，創造更好的品牌形象，也因為位置不多，上門的客人會有排隊的現象，引起路人的好奇，這又是另一種巧妙的宣傳手法。而且其他不同的拉麵店也有特定的風格，這是他們的堅持，也就是所謂的「職人」精神（專業而有特定風格的人），故而日本人很會做「只此一家別無分店」的生意。為了堅持品質，他們終其一生都守在一家老店裡，不會因想賺更多錢，而動搖對品質的信念。

「守份際」也是日本人的個性特質，中盤商不會搶大盤商的生意，不會越權，很重視職業道德，也重視團隊精神。以前和我合作的中盤商跟我說，我的進貨量很大，他要幫我直接介紹大盤商時，我嚇了一大跳？在台灣這樣的事好像不會發生，自己賺錢都來不及，更別說要介紹了。日本所有規則都在大家的遵守下層層把關，鉅細靡遺的程序一次又一次確認，守規矩的人變輕鬆，自由慣了的人反倒變得緊張，真是一個很特別的國家。

另外，「書香社會」的文化則讓我瞭解到當地人進步的動力，我在日本電車上常看見三種人，一是睡覺的人，二是看書的人，三是打簡訊的人。有一次我還看到一個路邊的流浪漢躺在電線桿旁在看書，使我驚奇不已，常常不由得對他們這種熱愛求知的精神獻上敬意。在東京電車上，所有乘客的手機都會自動設定

靜音，車上一片寂靜，只要有人忘了，會招來一堆白眼。剛回台灣時捷運，還被眼前的熱鬧景象嚇了一跳，小孩想哭就哭，大人想喊就喊，手機要響就響，感覺十分歡樂，不過，溫馨也有溫馨的舒服感，大家記得出國入境隨俗就好。

日本人重視公德心，也是我喜愛跟朋友分享的觀察，我曾經在排隊買票時，遇到有人企圖插隊，後面排隊的陌生人就衝上去推打那位插隊者，那個人自知理虧連吭都不敢吭聲，只能一直抱歉，直到我離開了都沒停。這些讓我驚呼連連的觀察與學習，深深地影響我，也成為我與員工重要的分享內容。

常常接觸流行創新行業的人，給人耳目一新的專著打扮是一件很自然的事，但像我這種外表新潮，吃飯卻一定要吃到白米飯才飽的人來說，其實是很習慣台灣生活的一切，每次回到台灣都有一種悠閒感，濕空氣的味道也很舒服，有了自知之明，就了解既然不想長期離開自己喜歡的生活方式，就把出差當旅遊，來來去去大飽眼福，不也是最好的嗎？所以想去了解日本文化，就跟日本人接觸交易，並趁機到處旅行，這就是很好的方法。

很多人都想等退休再去哪裡玩，以前老一輩的都說，趁年輕要趕緊工作存老本。對我而言，實在等不及，我反倒覺得趁年輕就要到處趴趴走，以免老了沒玩到。但我不崇日也不崇洋，我認為不同的世界，有不同知識與衝突可以體會學習觀摩。如果可以，自創品牌的下一步，我打算跟著汪汪喵喵館的國外加盟店周遊列國！我要一直繼續這樣的生活方式，這是善用自由優勢的預期收穫，也是屬於我的創意樂活方式！

連鎖效應造就品牌未來

　　每天，不管我站在店前、走在公司的路上或在附近咖啡店內用餐，總會看到三、五個背著我創作的包包、穿著喵喵或汪汪服飾的客人經過或坐在身旁，我一邊觀察他們對產品的感受，一邊想著該如何讓品牌的影響力更大？我對品牌的推廣計劃，有很多方法持續進行可供參考：

參展

　　應邀到日本參展，可說是每年必做的例行工作，一方面可以讓當地的廠商與消費者認識你的品牌，一方面可以觀摩他人的設計和消費趨勢，從中學習以擬定行銷策略，看見很多前輩的模式，看看很多展覽攤位不同的設計，都是迅速吸收新創意的好方法。

▶這是東京台場的bigside。光是坐著天上的電車（百合海鷗號）進入展場，就令人充滿未來感。能夠把自己設計的商品放到這個倒立的建築物中展出，就充滿了成就感！

不過，親身體驗之後才知道設計給不同國家的商品最大的難度，在於文化上差異，若要將個人化的設計推給不同國家，必須先瞭解消費當地的習慣，才能一舉得勝。很難想像我在日本的JR站台上，舉目望去只有三個顏色，日本人上班只穿黑色、灰色、卡其色。其實他們是習慣分得很清楚，看見每種專業人員的制服，就知道他是從事什麼工作，平日上班公事包、上課書包、水壺包、假日洗溫泉有溫泉袋、野餐袋、分類鉅細靡遺、不勝枚舉。反觀台灣的消費習慣則是ALL IN ONE最好，買到一個萬用袋最划算，一件外套最好能百搭，圖案越多、顏色越豐富，就越好賣。

所以因這些不同地區的觀察經驗，你就要將產品的形、色、材，依照消費對象的習慣去考量。所以除了到國外參展，從生活深入探究你設計的領域也很重要。**當設計生產時，考量兩個或多個不同市場都能接受的東西，這樣就能達到成本最低、市場最大的目標。**

設置臨時櫃

固定專櫃雖然撤了，但偶而還是會參加一些相關活動，例如寵物展、創意市集、海報卡片展等等，只要有合適的機會，打打游擊，就可讓一些不同地區的消費者認識我們，不但不用花錢做廣告，還可以賺錢，何樂不為。

另外，我曾參與創意市集，也因此接觸了一些創意達人，觀察達人們的品牌成形。其他就是盡量在低成本或免成本的情況

下，達到廣告宣傳的目的。又如參與臨時櫃時，在產品上的吊牌、標籤、名片上打上網址宣傳，尤其是包裝用袋子，只要設計可愛，經常更新貓、狗圖案，讓很多客人都想收集這些宣傳品，都可達到推廣效應。

媒體

多元化是汪汪喵喵館之所以受媒體喜愛的原因，因為多元化，不斷跟上流行話題，跟寵物相關的、跟流行精品相關的、跟無本創業相關的、跟設計相關的、跟商圈相關的、跟捷運相關的、一直都有各種媒體因為具話題性而採訪報導，包括電視、雜誌、報紙等，幾乎只要有提到流行商品店、士林商圈、捷運線的商店報導，都會注意到汪汪喵喵館的存在。

有時一個月會有五、六家媒體採訪，我也喜歡被採訪創新的話題，遇到重複的採訪重點，就會告訴對方這是別家媒體報導過的主題要不要換一個？主動告訴對方希望提供新的報導內容，也是不斷給消費者有新話題的好方法。例如以對方訴求的族群為主，挑出可以吸引對方的品項，才能讓同族群的觀眾於短時間內獲得情報。對採訪者而言，要獲得新穎的內容是工作的職責，對我而言接受採訪，就是一種創意心得分享的樂趣，有的記者因為興趣相投而與我成為好朋友，也是我另一個收穫！

網路

朋友跟我說搜尋字要花廣告費時，我還一頭霧水，因為從

沒花過這筆廣告費。汪汪喵喵館購物網從來不必花廣告費，就排在搜尋第一位，各大搜尋網站不論查汪汪喵喵、汪汪喵喵館、汪汪、喵喵、都是如此。

這是持續努力的結果。我們保持新意讓品牌更長久，網路也是新作品宣傳的好據點，不斷地放上最新商品，並且經營遠距離的客戶。2008年汪汪喵喵館陸續將電子商務系統架構完成，也漸漸開始有了行銷上的成效，有許多國外的經銷商和消費者，透過網路而認識了汪汪喵喵館，陸續與我們洽談合作的可能，今年因為網路的宣傳，更促使我談成了香港加盟店，可說是網路最大的收穫。

國內外市場的批發與加盟體系建立　海外的批發市場目前集中在日本、加拿大，一步一步漸漸收成，海外加盟店則由香港這個美好的開始，努力萌芽中，我會用不一樣的形勢推廣商品，目標是世界各地的華人市場，都可以有機會找到喜歡汪汪喵喵館的夥伴一起努力。

出書

把自己努力的經驗做整理，多年來的作品一一呈現與分享，不斷地創作，不停地寫書就是最好的品牌代言，創作與發表不斷循環，品牌的分享與互動就會一直存在，當然再說下去還有汪汪喵喵辦畫展、汪汪喵喵辦作品展、汪汪喵喵辦服裝秀、或者汪汪喵喵開展覽館兼賣場……只怕沒時間實行，不怕沒創意的點子！刷子越多把，自然有備無患！

▲市立美術館旁的台北故事館，把汪喵的角色T恤以有限的空間展示出耳目一新的效果。果真受到來客的眾多注目。

▲在日本各地的貓作家展裡，也有汪汪喵喵的蹤跡出現。

▲喵喵汪汪館首頁。meow.com.tw是國內外不方便來店購買的顧客及加盟者的最佳平台。

創業是一條永無止盡的路　**165**

汪汪喵喵館這個自創品牌的連鎖效應還在持續中，當然我的兩千元創業之夢，也還沒有告一段落呢！在一片不景氣的聲浪中，因為專賣的效應發功，汪汪喵喵館並沒有受到景氣的影響，我想這並不是奇蹟也不值得自豪，因為我體會到抗衡不景氣的最重要一環就是跟上時代的變遷，必須不斷調整、研發。跟上潮流的每一件創意都能異軍突起，但是唯有不斷創新的創業者才能成為風格先驅。我相信只要通過市場灌溉期，堅持走向趨勢之路，總有一天它會回饋比現在更大的效益，在有限的生命裡有著無限的創意潛能，相信你們也能想出一個更勝於汪汪喵喵館的夢想之路，它正在等著你去實現呢！

　　有一天，一個朋友突然對我說了一句驚人之語：「我覺得你的一切只能用一句話形容。」我疑惑地問是什麼？他只淡淡地說了三個字：「運氣好！」哈哈哈！就當是吧！其實在他這樣說之前，我還一直以為一切都是因為自己很努力，原來不是這樣的，是因為樂觀的我老是覺得自己不論如何都會很幸運，自然就真的很lucky吧！

　　創業跟人生一樣，就是每一天每一秒都要讓自己自信、開心，而我最幸運的應該是，一直到現在，我都在做自己喜歡的事，永遠覺得有希望，樂在其中，而且一直繼續下去。

　　完稿後我問自己，這本書到底是在說創意還是說經營？我想，賺錢永遠不嫌多，但人生的理想也要追求，二者不一定是衝突的。創意跟經營其實是相同的事，就像人生中愛情跟麵包一樣重要，不能缺少其一，但要取得平衡。對我而言，從兩千元開始的結果並不是開了三家店而已，而是很多希望的實現與滿足。很多創意人想自己創業當老闆，我倒覺得很多老闆羨慕單純的創意人，想到什麼就做什麼，不受限於制式的規範。不同的衝突常出現在日常生活中，在每天的日子裡反覆著、掙扎著、和平相處著、持續著……我想創意與經營、理想與現實本來就是這樣共生並存，一起茁壯的。

　　輕鬆一點的說法，當老闆要像貓、像狗、像兔子。養貓的人一定了解我在說什麼，沒養的人趕緊養一隻就明白。當老闆時，要像貓千變萬化，平日走路像貓一樣輕巧優雅；機會來了像貓捉老鼠般迅速敏捷；上戰場時像貓般機靈凶悍；同行有什麼風吹草動時，也像貓要立即警戒；客人來了，學貓一流的撒嬌功夫；被背叛或受了傷，要像九命怪貓永遠打不死！撐得久的人就是最後的贏家。

雖然我也很愛狗，但我警惕自己千萬不要累得像條狗，瞎忙而不自知。當老闆有時也要像狗，忠於自己的理想，每天東嗅西嗅到處尋寶；有敵人接近時，狂吠喝止、堅守崗位；遇挫折要有狗的天真樂觀。

那麼，為何當老闆要像兔子？記得平時就要狡兔三窟，讓對手搞不清楚狀況，跳來跳去，伸縮自如；如果真的經營效益不彰，與預期有落差，或是房租漲得離譜，不划算時，收店就要像兔子跑得快，才能全身而退，減少損傷，快快處理它，千萬不可坐以待斃。反之，機會來了的時候，當老闆就要像兔子勇往直前，三步併成一步向前跳。這就是我的貓、狗、兔老闆哲學。

最重要的一點，是告訴自己要珍惜那個默默支持你的人。人生變數何其多！樂觀創業的我，從小到大就像個打不死的蟑螂、像個斷尾也可求生的壁虎、像個摔下5層樓也活得下去的軟骨貓、像個躲在水溝也活得下去的流浪小狗……心裡受了再大的傷都可以迅速自療復原。沒想到，就在我事業起飛時，一直默默支持我的母親卻得了癌症。這個突如其來的惡訊，讓我受到極大的震撼。過去我一直扮演著母親守護者的角色，想讓她過比較好的生活，這也一直是我創業賺錢的動力，沒想到就在我終於為她圓了買屋夢的時候，卻必須面對她可能離開人世的變數。

在我的創業路上，媽媽是非常重要的精神支柱，我們一起

在天母擺攤、一起夜遊、一起幻想未來、一起實現所有的夢想，當初若不是有她為我一針一線地縫製自創產品，我就不可能有今天。我陪著媽媽檢查、抗癌，進進出出醫院、甚至帶著她到日本旅行，想盡點心力回饋母親的愛於萬一。當她病危住院的那陣子，我與姐姐幾乎不管店裡的事，只曉得要守在她的病榻前，一刻也不願分開，深怕只要一離開就會有個什麼閃失。那時，事業對我們來說真的一點也不重要，店倒了可以再開，失去摯愛的媽媽卻永遠無法彌補。

然而一年多後，媽媽還是走了，曾有一段時間，我似乎不知要為誰而努力。或許是媽媽的鼓勵，說也奇怪，分身乏術的那段日子，公司業績竟然創下了開店以來的新高點，在缺貨的情況下還可以創佳績，這真是我十分不解的事。一向不迷信、鐵齒的我不禁懷疑是媽媽的神奇力量嗎？如果說我的人生有遺憾，影響我最深的就是媽媽的過世。在最後的病榻上，她竟然告訴我，說辛苦擺攤的生活，是她此生最美好的一段日子。我們這對天母的搶錢母女，最後就這樣被老天爺拆夥了。說來自負，但我想失去媽媽，是我生平第一次感覺到沒辦法擊敗上天的安排。

現在，每每看見創意市集的年輕、熱情或可愛的攤商，不論是修皮鞋的阿伯、賣米粉湯的阿嬤，都會讓我回憶起跟媽媽辛苦擺攤的日子。那時白天站12小時，半夜收攤吃大餐；陽明山下收錢，陽明山上花錢，那段單純地辛苦也快樂的日子，真是讓我

終生難忘。

　　母親雖然不在身旁，但她之前留給我的為人處世的方法，將永遠留在我心中，成為我的精神支柱和資產。每次遇到一些難題，只要想著媽媽會怎麼做？答案就出來了。她教給我的道理、對我的啟發，將成為我持續前進的動力。在踩上人生新的一階，我都會閉上眼，回想媽媽支持的笑容。我的媽媽是我人生最大的貴人，我們每個人的人生都有很多貴人，切記現在就珍惜那些默默支持你的貴人們。

　　至於我，原本就是一個存款只有2000元的窮光蛋，經過了這條白手起家的路，遇見很多幫助我的貴人。我很滿足於我所擁有汪汪喵喵館，也很珍惜別人投給我羨慕的眼光，也許對別人來說它不是什麼大企業，只不過是幾家小小的店，但期許我的親身經歷，能帶給和我一樣擁有夢想、卻不富有的人一些希望。

　　小莎莉箴言「有做有保庇啦！」有達標也好沒有達標也罷，相信努力就會有收穫會做得比較開心吧！然後，不論哪一個階段或甚麼角色都要開開心心的做，開店是一場無止境的戰爭，用享受挑戰與成就感來看待開店這件事就會輕鬆點，說不定哪天我又因為技癢去擺小攤，大家也不必太驚訝！因為從兩千元擺攤的我、曾經有六家店的我、到現在三家店的我、甚至未來N家店的我都一樣，一直在興趣中獲得屬於自己的成就感！

想開店的朋友們，在耐心地看完我開店的體驗故事之後，闔上書本又回到了現實的原點。我說的擺攤也好、專業人士也好、當老闆也好，不知道你找到自己的角色了嗎？如果覺得像我這樣太辛苦、犧牲太多的人，就乖乖地好好上班也沒關係；如果覺得這樣比較刺激無憾的，就不屈不撓、再接再厲；不論選擇為何，相信你們也能活出自我，當個快樂的人，創造另一個屬於你的創業王國。當然，如果大家因這本書而有了創作或經營的方向、並且去實現它，就是我最大的收穫，你我的未來其實就掌握在自己的選擇與實踐。

花絮

　　寫這本書的最後一個月，我又撿了一隻可愛的小花貓，我叫她小花。總是側著頭看著我的小花，楚楚可憐的表情彷彿在問我說：是我幸運？還是你幸運？那模樣真是可愛極了！

　　至於天天在電腦前和我作伴的愛貓小胖，就像個怪爺爺天天監視著我的一舉一動，總是一撒嬌就口水流滿地，並且常常做出好笑的動作引人注意。

　　這陣子花了好多時間跟貓玩，喜歡精算的我，突然發現，一天玩貓兩小時，一年就有一個月時間，如果養貓六十年，那我就有五年都在玩貓，你也算算你的幸福寵物時間吧！哈！

小莎莉

| 小花 | 小胖 | 小莎莉 |

汪汪喵喵館

✂ 剪下COUPON券即可依喜好的顏色至汪汪喵喵館本店
依特價購買大貓臉包賣完即止 ---------------

.詳細顏色及尺寸.價錢請見汪汪喵喵購物網www.meow.com.tw

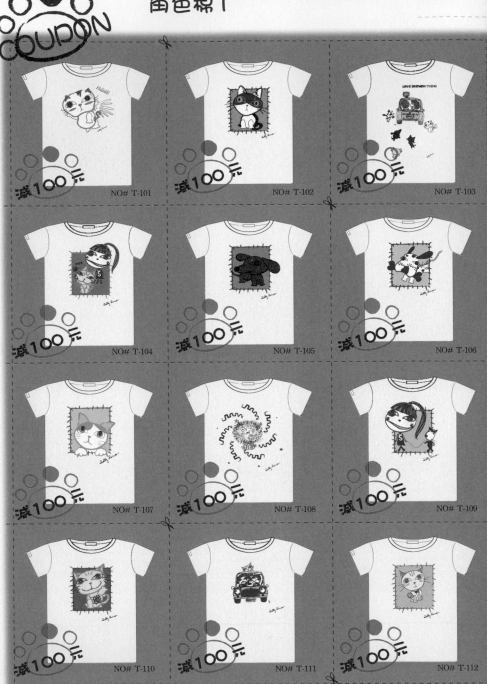

汪汪喵喵館
角色棉T

COUPON

剪下COUPON券即可依喜好的T恤至汪汪喵喵館本店
依特價購買純棉精版T恤一件 賣完即止

減100元　NO# T-201

減100元　NO# T-202

減100元　NO# T-203

減100元　NO# T-204

減100元　NO# T-205

減100元　NO# T-206

減100元　NO# T-207

減100元　NO# T-208

減100元　NO# T-209

減100元　NO# T-210

減100元　NO# T-211

減100元　NO# T-212

s.m.l.xl男女尺寸請見汪汪喵喵購物網www.meow.com.tw
印刷及購物網之圖案若有色差將以實際生產顏色為標準色

國家圖書館出版品預行編目資料

從二千元到三家店：汪汪喵喵的創業傳奇 / 小莎莉 著.
　　-- 臺北市 ： 文經社, 民98.12
　　　面 ； 公分. --（文經社富翁系列；M011）
ISBN 978-957-663-589-2（平裝）

1. 創業 2. 成功法

494.1　　　　　　　　　　　　　　　98020856

Ⓒ文經社

富翁系列 M011

從二千元到三家店

著 作 人 ― 小莎莉
發 行 人 ― 趙元美
社 　 長 ― 吳榮斌
編 　 輯 ― 陳毓葳
美 術 編 輯 ― 游萬國
出 版 者 ― 文經出版社有限公司
登 記 證 ― 新聞局局版台業字第2424號
＜總社・編輯部＞：
地 　 址 ― 104 台北市建國北路二段66號11樓之一（文經大樓）
電 　 話 ―（02）2517-6688（代表號）
傳 　 真 ―（02）2515-3368
E-mail ― cosmax.pub@msa.hinet.net
＜業務部＞：
地 　 址 ― 241 台北縣三重市光復路一段61巷27號11樓A（鴻運大樓）
電 　 話 ―（02）2278-3158・2278-2563
傳 　 真 ―（02）2278-3168
E-mail ― cosmax27@ms76.hinet.net
郵撥帳號 ― 05088806文經出版社有限公司
新加坡總代理 ― Novum Organum Publishing House Pte Ltd.　　　TEL:65-6462-6141
馬來西亞總代理 ― Novum Organum Publishing House (M) Sdn. Bhd.　TEL:603-9179-6333
印 刷 所 ― 松霖彩色印刷事業有限公司
法律顧問 ― 鄭玉燦律師（02）2915-5229
發 行 日 ― 2009年 12月 第一版 第 1 刷
　　　　　　　　　　 12月 　　　 第 2 刷

定價／新台幣 250 元　　　Printed in Taiwan

文經社在「博客來網路書店」設有網頁。網址如下：
http://www.books.com.tw/publisher/001/cosmax.htm
鍵入上述網址可直接進入文經社網頁。